"地 球"系 列

THE
TSUNAMI

海啸

［英］理查德·汉布林◎著

于芝颖◎译

上海科学技术文献出版社

Shanghai Scientific and Technological Literature Press

图书在版编目（CIP）数据

　　海啸／（英）理查德·汉布林著；于芝颖译 ． —上海：上
海科学技术文献出版社，2023
　　（地球系列）
　　ISBN 978-7-5439-8684-8

　　Ⅰ. ① 海⋯　　Ⅱ. ① 理⋯② 于⋯　　Ⅲ. ① 海啸一普及读
物　　Ⅳ. ① P731.25-49

　　中国版本图书馆 CIP 数据核字 (2022) 第 196657 号

Tsunami

Tsunami by Richard Hamblyn was first published by Reaktion Books in the Earth
series, London, UK, 2014. Copyright © Richard Hamblyn 2014

Copyright in the Chinese language translation (Simplified character rights only) ©
2023 Shanghai Scientific & Technological Literature Press

All Rights Reserved
版权所有，翻印必究

图字：09-2020-503

选题策划：张　树　　　　　责任编辑：姜　曼
助理编辑：仲书怡　　　　　封面设计：留白文化

海　啸
HAIXIAO

[英]理查德·汉布林　著　　于芝颖　译
出版发行：上海科学技术文献出版社
地　　址：上海市长乐路 746 号
邮政编码：200040
经　　销：全国新华书店
印　　刷：商务印书馆上海印刷有限公司
开　　本：890mm×1240mm　1/32
印　　张：5.125
字　　数：94 000
版　　次：2023 年 3 月第 1 版　2023 年 3 月第 1 次印刷
书　　号：ISBN 978-7-5439-8684-8
定　　价：58.00 元
http://www.sstlp.com

目　录

序言：海啸之石

大海既没有意义，也没有怜悯。

日本的东北海岸矗立着一排石碑，这些石碑饱受风霜，每块碑上都刻着警告，"子孙于高处居得安乐，汲取大海啸之祸，勿在此处以下盖房"。这些石碑有的已经有近600年历史，见证了日本长期遭受海啸的威胁。多年来，沿海居民也逐渐了解到石碑上的警告可以挽救生命。以岩手县的山坡村为例，当地村民在2011年"3·11"大海啸中逃过一劫，他们觉得是托了这些石碑的福。2011年"3·11"大海啸的高度最高达38.9米，而这个村的海拔恰好略高于此。如今，人们在马路上画了一条蓝线来标记海啸的高度，而在蓝线以下，曾经树木繁茂的山谷现在仍然满目疮痍。

这个村上一次发生的大海啸是1896年的明治三陆海啸，高度达38.2米。同一个地方发生两次大海啸并不是巧合。本州东北地区特殊的沿海地形会加速海啸和风暴潮向浅滩汇集，因此岩手县多岩石的海岸附近会出现巨大海浪。1896年的大海啸造成约2.7万人遇难，受这一悲剧的影响，幸存的居民们开始将村庄搬到山谷的高

日本岩手县的一块石碑提示：高处住宅保证我们的后代生活安定，牢记这次大海啸的教训，切勿在此处以下盖房

2011 年 3 月 11 日，黑色的海浪冲破了宫崎市（日本东北部）的海堤，
日本全国有近 1.6 万人在此次大海啸中遇难

处。但是不到一两代人的时间里，人们就从大海啸的悲痛中恢复过来，然后又开始在更靠近渔港的地方建造新屋。然而 1933 年 3 月，这片海岸再次遭到致命性海啸的袭击。这次灾难过后，只有 4 位村民生还。

正是这 4 位幸存的村民立了海啸石碑。自此，这个村就一直位于水位线之上，安全躲过了之后的多次太平洋海啸的袭击，其中就包括 1960 年 5 月和 2011 年 3 月的两次大海啸。但也有许多沿海村庄无视海啸石碑的警示，把它们看成是旧时代的经验，再次在靠近水域的地方建造房屋。结果，数个无视海啸石碑的村庄被 2011 年的大海啸吞噬。这一事实表明，现代人对海堤和预警系统的盲目自信可能会造成悲剧，而技术并不总是能和过去来之不易的智慧媲美。

我们也许该学着再次听从海啸石碑的话，把警示铭记在心。正如本书所讲灾难来袭时，正是故事和记忆挽救了生命。

1. 历史与记忆中的海啸

"海浪越来越大，我们周围的人第一次感到害怕。内陆上的'旱鸭子'从不会觉得害怕。"

一个有关被淹没的亚特兰蒂斯文明的传说流传了很久。这个故事最早出现在柏拉图的苏格拉底对话录《蒂迈欧篇》和《克里底亚篇》里，主要讲述了富庶的岛屿帝国被诸神摧毁的故事。几个世纪以来，这个故事被看作是一个寓言，告诫世人不要傲慢。但是地质学和考古学的证据证实，在柏拉图讲述这个故事的 1 000 年前，一个富庶又强大的岛屿文明确实被一场自然灾害湮灭。灾害发生时，海水上涨吞没了整座岛屿。

锡拉火山岛位于爱琴海的圣托里尼群岛上，曾经爆发过很多次，其中规模最大的一次火山爆发发生在 3 000 多年前，也就是今天所说的米诺斯火山爆发。火山爆发时，锡拉岛是青铜时代的贸易帝国，与克里特岛附近繁荣的米诺斯文明交往密切。最近的考古发现开始探寻锡拉岛上消失的城市阿克罗蒂里。过去 3 000 多年间，阿克罗蒂里一直埋藏于火山浮石和火山灰下 30 米深的地方。这座位于爱琴海南部的庞贝古城揭示了青铜时代的锡拉人生活富足，拥有文学、艺术和发达的商业，而锡拉岛

公元前 1620 年，锡拉岛火山爆发，导致爱琴海南部发生大海啸。被摧毁的锡拉岛是青铜时代的贸易帝国，被认为是亚特兰蒂斯故事的发源地。这幅手绘雕刻展现了 1866 年锡拉岛火山再次爆发后的遗迹

是连接亚欧非三大洲的重要贸易中心。

然而，从地质角度来看，锡拉岛就像一颗随时可能爆炸的炸弹。2006 年，由火山学家哈拉迪尔·西古德松主持的一项研究表明，米诺斯火山爆发是人类历史上的第二次特大火山爆发。此次火山爆发的规模巨大、惊天动地，喷出约 60 立方千米的火山物，是维苏威火山爆发的 10 倍。而且，此次爆发导致爱琴海南部发生了一连串大海啸，海啸所到之处一片狼藉。

在火山爆发前，锡拉岛可能发生过强烈地震，柏拉图在他的书中也提到了这个细节：

"在亚特兰蒂斯岛上，曾经有一个伟大又神奇

的帝国，统治着整座岛屿和其他几个岛屿……但是后来发生了大地震和洪水。雨下了一天一夜，所有好战的人倒下了，亚特兰蒂斯也沉入了海底。岛屿下沉形成了大量的浅泥，挡住了通往其他海域的路。"

实际上，柏拉图在书中提到的所有细节，在地质学上都是正确的。一场灾难性的火山灰和浮石雨确实埋葬了整座岛屿。岛上大部分地方坍塌，形成一个海底火山口，而挡住了周围海路的浅泥，可能是一大堆漂浮的浮石，这种海上障碍物在火山爆发后还能继续存在好几个月。高耸的喷发柱倒塌后，大量的高温气体和浮石会如雪崩般涌进大海，进而引发大海啸（柏拉图称为"洪水"），袭击了锡拉岛以南110千米的克里特岛北部，导致大量的沿海定居点变为废墟。克里特岛和其他邻近岛屿上，可能有数千人死于地震和海啸以及大规模的火山碎屑流，而且米诺斯人一直没有完全走出大海啸的阴影。在此后的一百年里，米诺斯文化衰落了，幸存的米诺斯人被来自北方希腊半岛的迈锡尼人统治。一只出土于克里特岛的后海啸时代的花瓶，带有典型的海洋风格——巨大的章鱼和其他的海洋怪物围着船只扭动，揭示了最后一批米诺斯人经受的苦难。这只花瓶承载了关于古代世界遭遇过的最严重自然灾难的记忆。

米诺斯晚期海洋风格的花瓶，上面装饰着扭动的海洋生物，这是克里特岛被"洪水"淹没的文化记忆

古老的海啸

据称，在海啸发生 1 000 年后，亚特兰蒂斯的传奇故事才被记录下来。现代文献记载的最早的海啸，发生在公元前 479 年的波提狄亚。波提狄亚位于希腊北部，是科林斯人的殖民地，海啸发生时正被波斯人围困。据希罗多德在著作《历史》第八卷中的记载，在冲突的关键时刻，波斯进攻者试图利用半岛周围的异常海水来进行撤退，不料却被突然变化的海水困住了：

"当时，阿尔塔巴佐斯已经围攻波提狄亚长达三个月之久，不料赶上了海水大退潮，退潮持续了很长时间。波斯进攻者看到海水退去，试图穿过退去海水的海滩前往帕列涅。但是当他们走了五分之二的路程

时，一阵巨大的水流突然袭来，当地人说这水比以往
见过的都要猛烈。不会游泳的人被淹死了，而会游泳
的人被坐船赶来的波提狄亚人杀死了。"

希罗多德认为，海水戏剧性的变化，是因为波斯人
攻击波提狄亚的神庙激怒了海神波塞冬。我们也许可以
把海神的愤怒理解成是海底地震，而这次地震很可能导
致了海啸。最近，经过对这一片海域的挖掘，发现了许
多远古贝壳的沉淀物，海底地震将这些贝壳从海底运上
来。而基于等深数据的计算机模型表明，该区域发生的
地震和山崩，再加上希腊北部海底巨大的浴缸状凹陷，
很容易引发 2 至 5 米高的破坏性海啸。负责该研究的古
生物学家克劳斯·雷切特表示："我们发现了海啸形成层
的证据，其贝壳年代可追溯至公元前 2500 年，这可以初
步解释成公元前 479 年'希罗多德海啸'的沉积遗迹。"

多年来，研究人员对西方传说故事中红海分开的原
因进行了一系列可能的猜想，包括当地地震引发的海
啸。虽然对海啸产生原理的解释在技术上可行，但与传
说最吻合的物理现象却是"风降效应"，其本质与风暴潮
相反。风降效应是指强风与盛行的潮汐结合，迫使海水
远离海岸的异常现象。考虑到部分故事细节，我们可以
把故事里的红海换成尼罗河三角洲，从气象学角度来看，
借强风形成一座临时陆桥是行得通的，当然，是否真的
形成了陆桥，就是另一个要研究的问题了。

来自锡拉岛的海啸摧
毁了克里特岛的一座
城市，图为罗杰·佩
恩为杂志《阅读与学
习》绘制的插图

　　显而易见，古人熟悉海啸，但是不知道海啸的形成
原因。只有历史学家修昔底德在记述海啸时认为，海啸
与地震、水文活动有联系。公元前 426 年发生过一次海
啸，当时伯罗奔尼撒人正在入侵阿提卡。

　　"当时地震频发，埃维亚岛的海水向后退去，然

后掀起一股巨浪，吞没了城市的大部分地区，之后海水退去，部分城市被海水淹没。曾经是陆地的地方现在成了大海，那些不能及时逃离到高地的居民都被淹死了。亚特兰大岛也发生过类似的灾难，'洪水'冲走了部分雅典要塞，摧毁了停靠在海滩上的两艘船中的一艘。"

日本平均每六年半就发生一次海啸。图为报纸插图，描绘了1923年9月1日关东大地震后，相模湾发生的致命性海啸

1923年9月1日，日本第二大城市横滨发生海啸，损失严重。图为1923年9月16日《小日报》的新闻插图

　　修昔底德接着研究了海平面突然上升的原因。希罗多德认为海平面突然上升是因为海神波塞冬大发雷霆，但修昔底德大胆地提出了一个更为世俗的解释：

　　"在我看来，海平面突然上升一定与地震有关。

在地震最猛烈的地方，海水被逼退，又突然加大力度冲了回来，引发了水灾。如果不是因为地震，我认为是不会发生这种意外的。"

修昔底德的看法是正确的，但是接下来的章节会讲到，在地震不频发的西方国家，人们用了几百年的时间才查明海啸的成因，而直到今天，在这些地区海啸仍然比较罕见。

相比之下，在日本，海啸一直是人们生活中的一部分。日本是全球海啸频发的国家，平均每六年半就会遭受一次海啸袭击，在过去的 1 300 年里，日本一共发生了近 200 次大海啸。因此，单词 "tsunami" 源自日语其实并不是巧合，将 "tsunami" 翻译为 "港湾波"，"tsu" 意为港湾，"nami" 意为波，生动表明了这些现象往往会悄无声息地穿过深水区，而只有当它们靠岸时才会被察觉。

虽然日本的许多早期海啸缺少详细的文献记载（现代古地震学已经开始研究日本早期海啸的性质和范围），但是官方记载的日本最早的海啸发生在 869 年 7 月日本东北部的仙台市——全球最易发海啸的海岸线上。根据平安时代史书《日本三代实录》（901 年成书）的记载，海啸来袭之前发生了一场大地震：

"5 月 26 日，陆奥市发生了大地震。夜里的天空像白昼一样明亮，过了一会儿，遭到地震袭击的人们惊慌失措、横躺在地，有的人被埋在倒塌的房屋下，有的人掉进了巨大的地缝里，而牛马则吓得四处乱窜，互相踩踏……紧接着海边传来雷鸣般的怒吼。海水很快涌进了村庄和城镇，淹没了沿岸几百千米的陆地。尽管船只和高地就在眼前，但人们根本没时间逃走。就这样，海啸造成约 1 000 人遇难，几百个村庄沦为废墟。"

众所周知，869 年的日本三陆地震是一场海底地震，震级约为 8.6 级，与 2011 年"3·11"大地震发生于日本海沟的同一区域。与 2011 年的"3·11"大地震的情况一样，869 年的三陆地震引发了大海啸，深入内陆 4 千米，冲毁了一切。"3·11"大地震发生后，日本的研究人员对比了这两次海啸的相似之处，重新开始对三陆地震进行科学研究。实际上，早在 2009 年，日本国立先进工业科学与技术研究院的地震学家们就提议，将关于 869 年三陆地震破坏性的新发现用于改进核反应堆的核安全保护技术。这些核反应堆在海啸易发的沿岸地区，沉积物数据显示，这些地区约每 500 年会发生一次大海啸。这些科学家们还指出，一场迟到了一个世纪的大海啸即将发生，但是没人把他们的警告当回事。

现代海啸

2011 年的"3·11"大海啸造成约 1.6 万人遇难，深刻影响了日本自诩的随时准备应对灾害的社会形象。仙台市沿岸的许多灾民原本有足够的时间逃走，因为在9级大地震发生后的3分钟内，警报器就开始报警，海啸花了1个小时的时间才抵达部分地区。但是很多人决定不撤离，因为他们觉得背靠巨大的海堤很安全，这些海堤被用来保护当地居民免受海啸袭击。在海啸发生的前两天也就是3月9日，仙台市发生了一场7.2级的近海地震，引发了小规模的海啸，海堤挡住了海啸，几乎没有造成伤害。两天后，又发生了地震和海啸，但这一次情况大有不同，数小时的无人机录像展现了骇人的画面——海堤被大片海水彻底冲垮了，汹涌的海水冲上陆地。尽管日本为海啸做了充分的准备，却不足以应对破坏性如此之大的海啸，"3·11"大地震是日本历史上破坏性最强的地震，也是全球的第五大地震。此次大地震造成日本东北海岸的大部分地区下沉了近1米，海堤降低，导致海啸冲进陆地很长一段距离。海啸引起约39米高的巨浪，摧毁了东京以北的大部分海岸线，对福岛第一核电站造成严重破坏，并使日本全国陷入自"二战"以来从未有过的紧急状态。

日本媒体对"3·11"大地震进行了大范围报道，暴露了让人印象深刻的日本防御体系的一大缺陷，而这一缺陷极其危险。"3·11"大地震本身只造成少数人遇难，这主要得益于日本高度发达的房屋设计技术及定期救生演习，但是日本缺乏行之有效的措施来抵御大地震引发

2011 年的"3·11"海啸发生后，救援车辆在废墟上巡逻

的海啸。以福岛核电站为例，核电站实际上可以抗震，在大地震来袭时会自动关闭。但是，为核电站应急冷却系统供电的备用发电机，却安装在地面或更低的地方，备用发电机的燃料箱被安置在 5.7 米高的海堤后面，这种设计使得整个核电站很容易受到超过平均高度的海啸的

袭击。果不其然，3 月 11 日下午，第二波 10 米高的海啸
荡平了整个海堤，摧毁了应急燃料箱，终止了福岛核电
站的生命。在灾害过后的几周内，福岛的三个过热反应
堆开始熔毁，引发了自切尔诺贝利事故以来最严重的核
灾难。由于福岛核电站内的辐射超出正常水平的几千倍，
日本政府在核电站四周设立了一个 30 千米长的禁区，20

2011 年"3·11"海啸
发生一年后，福岛上
废弃的沿海城镇浪江
町上遍地仍是没人处
理的残骸。附近的核
电站发生熔毁时，居
民都被疏散了

多万人被疏散，其中许多人甚至来不及回家收拾行李。考虑到要花上数十年的时间才能将该地区的污染物彻底清除干净，他们中的许多人可能永远没机会回家了。

"3·11"大地震后，公众就日本未来的防灾工作提出了许多疑问。日本修建的 1.6 万千米长的混凝土海堤对阻挡海啸几乎毫无用处，这对那些一直以来都觉得自己受到海堤保护的沿海居民们造成不小的打击。受灾最严重地区的幸存者们还在纠结，是在更高的海堤后面重建家园，还是索性搬到远离海岸线的地方。他们的纠结也情有可原，毕竟以前没有发生过类似的特大海啸。1993年的北海道海啸有 10 层楼那么高，冲毁了日本西北部的海堤。事实证明，海堤挡不住巨浪，海啸冲上了岸，毁

1993 年 7 月 14 日，北海道大海啸发生后的第二天，在北海道西南海岸的一个港口小镇上，一艘渔船搁浅在废墟中。当时的海防无法阻挡海啸

掉了大部分村庄。

那么，我们究竟需要多高的海堤才能挡住海啸呢？据我们所知，2011 年的"3·11"大海啸最高可达 38.9 米。想修建这么高的海堤，即使从技术上可行，经济条件也不允许。

不止日本面临这一两难的抉择，从斯堪的纳维亚到南极洲，世界上每一个曾遭受过海啸袭击或迄今仍面临海啸威胁的沿海定居点都要思考这个问题。正如本章接下来所讲，历史上一些最致命的海啸发生于看似不太可能发生的地方，而突如其来的袭击只会加剧它们的破坏性，让人为之震惊。

1755 年里斯本（葡萄牙首都）

1755 年 11 月 1 日，里斯本发生了一场惊心动魄的大地震，随后发生了一场出乎所有人意料的海啸。那天是万圣节，早晨一场威力巨大的海底地震摧毁了整条街道的房屋和许多挤满教徒的教堂。短短 10 分钟，这座一度富有的城市沦为废墟，成千上万的人们被压在房屋下，有的人已经死了，有的人奄奄一息。废墟之中突然着火，成群的幸存者开始穿过满街的断壁残垣，朝塔霍河沿岸的开阔空地逃去。这条宽阔的河流连接着里斯本和外部世界。

但是，在地震发生一小时后，里斯本港口的海水突

地震、火灾和海啸摧毁了里斯本市中心的大部分建筑，造成 3 万至 9 万人遇难。许多在地震中幸存的人逃到河边的空地上，却被随后的海啸吞没。这幅版画可追溯至 1887 年

然开始退去，露出了满是遇难船只残骸的沙洲。那些为了躲避地震、爬上停泊船只的人们最先注意到海平面的下降，紧接着他们就发现从西而来的 12 米高的海浪正迅速向他们逼近。其中一位目击者——英国商人丹尼尔·布拉德克生动地描述了向城市奔腾涌来的"水山"：

　　"突然，我听到人群中发出一声尖叫，'大海在逼近，我们都要死了！'我顺势看向海面，大约有 6.5 千米宽，我能感觉到它在怪异地涌动起伏，因为当时没有风。转眼间，在不远的地方突然出现了一大片水，像一座山一样升起来，冒着白沫咆哮着，飞快地向岸边冲来，我们赶紧逃命。很多人被卷走了，剩下的人被浸在离岸边很远的水里，水深在腰以上。"

　　正如布拉德克和其他幸存者所述，海啸由三种甚至更多不同的海浪组成。每一股海浪都冲过里斯本的码头，冲进河边广场，然后冲回河口，卷走了各种废墟残骸。在有些地方，海浪冲上陆地近一千米的地方，卷走了沿途数吨重的残骸。数百名在地震和火灾中幸存下来的人聚集在河边以求庇护，却被突然袭来的海啸夺走了生命。

　　这一天，不仅里斯本遭受磨难，伊比利亚半岛的大部分地区、加的斯的海堤、摩洛哥海岸也未能逃过一劫。海啸一路向北，袭击了英国、爱尔兰和荷兰，当海啸到达北海的时候，海浪的威力大减，只摧毁了停靠在泰晤士河口下游的几艘驳船。然而，海啸在向西进攻时威力巨大，在第一次地震发生后的 9 个小时内就抵达了加勒比海。据一位目击者回忆，安提瓜岛的海平面好几次垂直上升又下降，在其他岛屿，海浪冲上岸，淹没了低地，巴巴多斯的人们从未如此震惊。卡莱尔湾的海水不断上涨，海水从清澈的海绿色，变得像墨水一样黑。

里斯本地震和海啸的影响波及全球近三分之一的地区，称得上是第一次现代灾难，它激发了首次国际救灾援助。而且，里斯本地震和海啸也是首个被进行科学研究的自然灾害。在接下来的章节中我们可以看到，里斯本地震催生了"地震学"这门新科学，还推动人们设计了世界上第一座抗震建筑。此外，这次灾害后，人们将预测和预警未来灾难作为长期目标。当然，预测和预警未来灾难还包括研究曾经发生过的灾难，而里斯本灾难带来的最让人惊讶的地震学启示——此次灾难并非史无前例。今天，当我们提及里斯本地震时，我们总是强调地震来得猝不及防，但事实上，在此次灾难发生之前，里斯本就曾经经历过许多次海啸、地震。全球可追溯年份的证据表明，在公元前 5500 年、公元前 3600 年、公元前 60 年和 382 年，里斯本都曾发生过海啸、地震。然而，历史记录证实，1531 年 1 月，里斯本曾发生过一次破坏性极大的海啸、地震，目击者看到"塔霍河从中间分开，河水分出一条通道，露出了沙床"。据了解，里斯本一直处于风口浪尖，而 1755 年特大海啸地震的唯一不同之处在于遇难人数众多，由此说明，里斯本的人口自上一次地震以来一直在增长。而坏消息是，未来里斯本将不可避免地经历另一场海啸地震，并且由于缺乏区域性的灾害预防机制，遇难人数可能会很多。

1883 年喀拉喀托火山

1883 年 8 月的喀拉喀托火山爆发带给我们的深刻教训是，文明靠地质过活，随着地质的变化，文明也在悄无声息地发生变化。这场火山爆发摧毁了许多新港口和由荷兰殖民政权建立的定居点，这些定居点位于印度尼西亚附近的巽他海峡，巽他海峡是连接爪哇岛和苏门答腊岛的重要战略航道。当地流传着关于火山爆发的传说，火山和海鬼召唤来了复仇的海浪，由于荷兰的测绘员们宣称喀拉喀托火山已经死了，因此人们就在这座沉睡的岛屿上建立了两个港口小镇。事实上，喀拉喀托火山在大约 1 500 年前发生过大规模爆发，之后一直处于活跃状态。据爪哇文《列王纪》（19 世纪一位宫廷诗人编撰的叙事史书）记载，很久之前，"卡皮山"曾经爆发过一次，当时"全世界都在剧烈震动，电闪雷鸣、狂风暴雨"，之后，海水上涨，淹没了陆地，巽他国北部的居民们被淹死，"海水平息下来后，'卡皮山'和周围的陆地成了海洋，爪哇岛被一分为二"。

1883 年 8 月 27 日，
喀拉喀托火山爆发。
图片摘自杂志《阅读
与学习》

喀拉喀托火山爆发激
起的第一波巨浪，将
"贝鲁"号（荷兰语意
为"悔恨"）冲上了岸

搁浅的"贝鲁"号被
海水冲上岸 3 千米远

　　虽然喀拉喀托火山断断续续地轰鸣了几百年,但是
一直相对平静,直到 1883 年 5 月,一系列火山爆发说明
喀拉喀托火山已经苏醒。火山爆发产生了几千米高的烟
云,直逼平流层,成了一个短暂的旅游景点,直到 6 月
份火山爆发才平静下来。到 8 月 27 日,喀拉喀托火山出
人意料地全面爆发了。这次火山喷发产生了地球上有史
以来最大的爆炸声,喷出了 46 立方千米的碎石、火山灰
和气体,并引发一连串强烈的海啸波,冲击了周围的海
岸线。

　　第一波和第二波海浪袭击了苏门答腊岛上的小镇,
海浪冲毁了停靠在港口的船只,把船只冲到岸上。其中,
武装桨轮船"贝鲁"号(荷兰语意为"悔恨")被困在镇

中心，船上的 28 名船员全都在海啸中遇难，而接下来发生的事情生动诠释了海啸的可怕之处。第三波海浪像山一样高，高度达 40 米，黢黑的海水夹杂着大量碎石席卷了巽他海峡，所到之处，无一幸免。爪哇港以及其他 300 个小镇和村庄的所有建筑物都被海浪摧毁了。在苏门答腊岛上，搁浅的"贝鲁"号被海浪卷起，冲上岸 3 千米，

《死亡的海洋》，出自卡米伊·弗拉马利翁的《世界末日》（1893 年）

最后被冲到了海拔约 18 米的丛林山谷里。海啸过后，整个小镇被彻底洗劫一空，据幸存的目击者回忆，"一片荒凉、满目疮痍。小镇和周围的村庄都成了废墟"。

至少 3.6 万人在此次海啸中遇难，许多人被卷到了海里，形成了可怕的障碍物，阻挡了通行的船只。据英国商船的船员回忆："成百上千具尸体撞击着船的两侧。50—100 具尸体挤在一起，大多为赤身裸体。"在众多尸体之中，甚至还有一头老虎，足以证明海啸的威力之大。

与此同时，海啸朝着巽他海峡的东南入海口前进，从入海口向四周扩散开来，穿过印度洋，进入深水区之后移动速度更快了。大约五个半小时之后，海啸抵达了印度和斯里兰卡的东部海岸。印度的潮汐测量资料显示，"在胡格利，海浪到了加尔各答的半山腰"，然而据报道，在加勒的南部港口，海水减退至码头后，又以惊人的力量冲了回来。在离岸几千米处，一位在稻田里劳作的妇女被海浪卷走淹死，这是此次火山爆发造成的最远距离的遇难者。就像 2004 年 12 月发生的特大海啸一样，大多数遇难者来自印度尼西亚，然而斯里兰卡和其他地方的死亡人数，以及海浪惊人的冲击距离，让人们认识到了海啸的威力和耐力。火山爆发约 10 个小时后，阿拉伯半岛的亚丁市发生了"一次巨大的潮汐扰动"，而距喀拉喀托火山 7 500 千米远的开普敦港口和伊丽莎白港，也同样遭遇了数米高的海浪袭击。

尽管喀拉喀托火山只是偏远海域的一处小火山岛，

但是没过多久，全世界就知道了这次火山爆发，因为到1883 年的时候，世界上就有了数千千米的海底电报电缆，连接着各个大陆。电报消息的急促性和简洁性催生了一种新的短诗，非常适合用来传递自然灾难的恐怖气氛。因此火山爆发之后的第二天，劳氏船级社的代理商发回了一封电报，这封电报仅用了五个字——"一切全没了"，就概括了巽他海峡周围的可怕景象。

1896 年三陆

1896 年 6 月 15 日晚，一场缓慢的海底地震撕裂了日本海沟的一段海床，这段海床距离本州岛东北海岸约 160 千米，之后日本发生了历史上死伤最惨重的海啸。当时恰逢夏天的周日，沙滩上挤满了度假的人。随着夜幕降临，海滩上的婚礼派对和民间活动仍在如火如荼地举行。到了晚上七点半左右，人们感觉到大地在震动，但是震动幅度很小。人们以为又是一次普通的地震，就没放在心上。但事实上，突然而来的海底滑坡引起了大规模的海啸。第一波海浪在约半小时后到达，毁灭性的水墙冲上了三陆海岸，伴随着类似冰雹的巨响，第二波海浪紧随其后。海啸造成死伤无数，幸存下来的一些渔民，地震发生时他们都在海上。在深水区，海啸以一种难以察觉的涟漪状从他们的渔船下方高速流过，直到他们清晨回到家后，才发现了灾后的惨状。

1896 年明治三陆海啸造成约 2.7 万人死亡。图为一位麻木的幸存者，坐在宫城县气仙沼市的废墟中

由于此次海啸造成的遇难和失踪人数过多，当地政府放弃统计遇难者人数，而是对幸存者人数进行了统计。数千具尸体被焚烧，在三陆海岸的上空，笼罩着一层令人悲伤的浓烟，其中许多尸体已经面目全非，难以辨认。三陆海啸造成约 2.7 万人遇难，几十个渔村被彻底摧毁，但是幸存者们没有弃三陆海岸而去。多年来，人们在地势更高、离海更远的地方重建城镇和村庄，这些城镇和村庄就坐落在日本沿岸古老的海啸石碑后边。

1946 年希洛

在接下来这一章中我们可以看到，三陆海啸首次让英语世界注意到 "tsunami（海啸）" 这个日语单词，但是 50 年后的一场灾难，才让这个单词变得家喻户晓。发生于 1946 年愚人节的海啸，摧毁了夏威夷的希洛市。

海啸的源头在距希洛市 3 700 千米远的阿留申海沟的北坡处，是阿拉斯加半岛附近的一条 3 200 千米长的俯冲带。在这里，太平洋板块的北部边缘以每年约 4 厘米的速度向北美板块靠近，由此造成阿留申群岛上地震和火山爆发频发。与日本海沟的情况一样，这些频发的震动只会造成小范围的损失或破坏，但是 1946 年 4 月 1 日凌晨 2 点 29 分（当地时间）发生的持续 1 分钟的地震注定与众不同。按现在的里氏震级算，这场地震为 7.8 级，地震的震动引发了震中以东几千米处的海底滑坡，之后又引发了大海啸，波及了四周的海域。40 分钟后，巫尼马

《逃离海浪》：这张戏剧性的照片由当地理发师塞西利奥·利克斯拍摄，显示了 1946 年 4 月 1 日早晨，第三波海啸冲进希洛市中心

克岛的南岸被一股 30 米高的海浪袭击，海水冲进了新建的灯塔。整个灯塔被海浪连根拔起，5 名执勤的海岸警卫员全部遇难。

1946 年 4 月 1 日，海浪涌过希洛市的商业码头。此次海啸共造成 165 人遇难，照片中被困的装卸工人是遇难者之一

与此同时，海浪继续南下，穿越开阔的太平洋，进入深水区之后又加速前进。没用多久，海浪就以 800 千米 / 小时的速度穿过了太平洋，速度堪比一架喷气客机，而海浪的浅峰之间的距离约为 100 千米。海浪进入更深的水域后，高度略有下降，但即使是呈高速移动的涟漪状，破坏力也丝毫未减。

这次的情况不同以往，当第一波海浪还在海上活动的时候，就被探测到了。4 月 1 日凌晨，美国军舰"汤姆森"号正在靠近珍珠港，船上的无线电报员收到路过的巡逻机发来的消息，称海水表面有异常活动。但当飞

行员接到命令去查明情况时，这一不明现象已经消失了，而且速度很快，明显超过了飞机的速度，所以这一消息被"汤姆森"号的船员们称为"愚人节的捉弄"。但没过多久，又有消息传来，称驻扎在珍珠港的美国海军舰队刚刚受到了不明原因的潮水袭击，而"汤姆森"号则接到命令，在查明潮水袭击的原因之前，不得进入港口。

碰巧的是，由于灾难发生的日期为4月1日，因此，发出的唯一海啸预警信息被所有人无视了。早上六点半，第一波海啸袭击了欧胡岛，当地知名晨间电台主持人在播报节目时，插播了一条海啸预警，通知了夏威夷群岛的其他地方。但是，该著名主持人的节目最受欢迎的特点之一，便是他高质量又独具创意的愚人节玩笑，所以没人把他的警告听进去，更没人当真。海啸预警发出25分钟之后，海啸袭击了夏威夷大岛。

然而，三波海啸给希洛湾造成的死亡和破坏却是事实。希洛湾是一条被棕榈树环绕的弯曲海岸线，正好坐落于阿留申海沟以南的前线。整个夏威夷共有100多人遇难，其中24人是在劳帕霍埃学校遇难的。海啸发生时，许多老师和学生在露出的海床上散步，惊叹于难得一见的潮水潭。21岁的马萨·麦金尼斯是幸存下来的老师之一，她事后描述称，"大海就像一个被放光了水的浴缸"。不一会儿，第一波海啸就抵达了。她回忆道："第一波海啸很大，但并不是很危险，海水略微超过了最高水位线。我们就看向海水，那是潮汐波吗？感觉有点不对劲。"

第二波海啸略高于第一波海啸，卷走了一些船棚。但是大约20分钟之后到达的第三波海啸却完全不同，高速移动的灰黑色水墙向海岸逼近，"就像世界上所有的风都在咆哮"，麦金尼斯回忆道。巨大的海浪以超过100千米/小时的速度冲进内陆，希洛市的石质防波堤上8吨重的石块被撕扯下来，被海浪卷到了海湾沿岸的街道上，就像海军炮弹一样砸穿了木制建筑。海边的许多建筑被海浪推向马路对面20米远的地方，撞上了路对面的建筑物，而海边的许多桥梁、铁轨、公路和码头也遭到海浪的袭击。此次海啸波及全岛，由于其不可预测性而更加严重。其实，夏威夷长期遭受海啸袭击，这点从当

1946年4月，希洛市一节火车车厢被海浪推到了面包店下面

地的语言和民间传说中也能看出来。既然如此，那为何这次的海啸格外让人震惊呢？

首先是因为，地震一开始发生在距此数千千米的地方，所以海啸发生之前人们没有感觉到震动；其次是因为，上一次特大海啸发生于1923年，距1946年已经过去了20多年，时间久得足以让人们忘记如何识别预警信号。更糟糕的是，由于过多的虚假预警，当地的海啸预警系统已被弃用，但该系统曾在1933年成功预警了一场小规模但破坏性很大的海啸。此外，夏威夷天文台没有配备值夜班的工作人员，也就没人监测远处的地震。早上7点，当地震学家们出发上班的时候，海浪已经冲进海岸了。

此次海啸之后，人们建立了太平洋海啸预警系统，该系统结合了科技和监测技术，在近60年的时间里一直为保护海啸易发地区的安全做着贡献。但是，正如接下来我要举的两个例子，即使是最有效的预警系统，也会受限于我们对地球地震活动，以及对地球无限创造能力的了解程度。

1998年巴布亚新几内亚独立国

1998年7月17日晚，20世纪破坏性最大的一场海啸袭击了巴布亚新几内亚独立国的西北海岸。澳大利亚和太平洋板块交界处的一场相对较小的近海地震引发了大规模的海底滑坡，进而引起了这场海啸。尽管该地区

35

的许多地震仪记录了此次地震，但是由于其规模不大，人们并不担心会发生海啸。位于夏威夷的太平洋海啸预警中心立刻发出了一份安全公告："现发布海啸信息：太平洋全地区暂未受破坏性海啸威胁，故无须采取任何行动。"因此，当三股 10 到 15 米高的海浪冲击到岛上 30 千米与世隔绝的西北海岸地带时，所有人都大吃一惊。虽然这场浅源地震没有引发波及整个太平洋的海啸，但随之而来的山崩引发了大海啸，摧毁了许多沿海村庄，造成 2 200 多人遇难，其中包括很多学校的学生。海啸发生后的几个星期，尸体陆续被发现，有的被埋在沙子和淤泥底下，有的被冲到了 160 千米以西的印度尼西亚海岸上。而多数的幸存者则受了很严重的伤，而且容易受

巴布亚新几内亚独立国 1998 年 7 月 17 日的海啸造成 2 200 多人遇难。许多尸体被发现时，就地掩埋在用沙子挖出的临时坟墓里，上边盖着浮木

到感染，他们或被海啸扔到了树上，或被红树树桩刺伤，或被充满细菌的珊瑚划伤。据一位出诊的医生表示，当时的情景就像经历了一场恶战。

1998 年的海啸让地震学家们感到不安，因为这场地震揭示了一种可能性，即小地震也会引发特大海啸，而背后原因迄今未知。由于始发地震过于微弱、规模太小，因此陆地上的人们很难感觉到，也不能及时发出海啸预警，但这类连锁灾害尤其危险。因此，除预警性的海水退潮外，小地震引发的海啸几乎是毫无预警的。而且以1998 年的海啸为例，不是每一次的海啸都伴随着大规模的海水退潮。更令人担忧的是，地质学家休·戴维斯在巴布亚新几内亚独立国采访幸存者的时候发现，当地人普遍缺乏提防海啸的意识，尤其是年轻人，相比于传统社交和传说，他们更相信自己的父母。他指出，群体记忆是短暂的，每隔 15—70 年巴布亚新几内亚独立国就会遭遇一次海啸袭击，时间久得人们已经忘记怎么识别海啸信号。因此，尽管我们拥有先进的技术和足够的海啸意识，但还是会毫无防备地受到海啸袭击。在 2004 年 12月 26 日的早晨，一场规模更大、更令人震惊的海啸给我们好好上了一课。

2004 年印度洋

就在 2004 年 12 月 26 日上午 8 点之前，苏门答腊岛西北海岸 160 千米的地方遭到了地震袭击，此次地震是有记录以来的第三大地震。在海床下方大约 30 千米处，一条长 1 200 千米的地质断层突然下滑了 15 米。结果，海床突然向上倾斜，数百万吨重的海水发生移位。随着上翘的海床崩塌，海水形成了猛烈的海啸，涌向四面八方。

此次地震本身就很严重，东南亚的大部分地区有震感。虽然只有苏门答腊岛西北部的班达亚镇的建筑遭到了严重破坏，但事实上，全世界都感受到了地震，甚至连那一天的时间都缩短了百万分之一秒。不久之后，地震对大海的影响就显现出来。截至上午 8 点 15 分，海啸袭击了苏门答腊岛北端的亚齐海岸，海水涌上内陆，造成约 15 万人溺亡。15 分钟后，海啸袭击了安达曼群岛和尼克巴群岛，1 个小时后，海啸在人满为患的泰国南部海滩登陆。

在此期间，海啸还向西穿过印度洋，在两个小时内抵达了斯里兰卡的东部海岸，在 3 个小时内袭击了地势低洼的马尔代夫，淹没了部分马尔代夫群岛。但是一切还没结束，地震发生的 7 个小时后，在距离震中 4 800 千米远的地方，海啸袭击了印度洋对岸的索马里海岸，造成至少 150 人遇难、更多人受伤。在坦桑尼亚，一些游泳者在达累斯萨拉姆（坦桑尼亚旧都）附近的海域遇难。在地震发生的 12 小时后，南非海岸也确认出现了两名遇难者，这是当天距离最远的遇难者。

为什么在海啸发生前，毫无海啸预警？这场持续了4分钟的地震还未结束就已经被全球地震仪记录下来了，但是各受灾地区由于缺少海底传感器，因此没办法确认是否有海啸发生。在夏威夷海啸预警中心值班的科学家们当然清楚，大规模的海底断层可能已经引发了海啸，但是他们的预警系统只能监测到太平洋海岸的情况。他们能做的就是给通信录上的26个太平洋国家群发一份信息简报，然后等待进一步的细节。

一个多小时后，在第一波海啸袭击泰国海岸时，预警中心的工作人员发出了第二份更新过的预警简报，并开始绝望地翻找印度洋地区民防协调员的电话号码和电子邮件地址。但是，当天值班的地球物理学家巴里·赫雄恩在接受采访时解释说："据我所知，印度洋地区没有联络点，没有任何组织，也没有任何预警系统。"所以，当科学家们仍在监测海啸情况时，海啸继续在全球人口最稠密的海岸线肆虐，而全世界唯一知道接下来几个小时将发生多么可怕事情的预警中心专家们却束手无策，无法发出任何预警。

灾难发生后，浮现了许多令人沮丧的细节，比如，就在海啸发生的前一年，印度洋海域的各国政府召开了一次计划安装海啸预警系统的会议，但是由于经济原因，该计划被否决了。由于印度洋地区上一次发生特大海啸是在1833年（50年后，喀拉喀托火山爆发后又发生了一次规模较小的海啸），因此再次发生特大海啸的风险似乎与安装设备所需的成本不成比例。但是，即使当时通过了计划，又能产生多大作用呢？一年的时间不足以安装预警系统，更不足以让所有的沿海居民学会如何应对警报。正如本书提到的许多案例，受人为和技术错误的干扰，预警系统并不总是发挥正面作用。尽管多年来我们对海啸有了许多发现，但还有更多未知等待我们去探索。接下来的一章，我们将共探海啸科学史，讲述我们对海啸已知的信息，以及在下一次海啸来袭前，我们迫切需要学习的其他东西。

2. 海啸科学史

> "我认为，'如果你不知道海啸的规模会随着海浪的增加而增大，那你真是个不称职的海洋学家。'当我开始大量查阅文献，却找不到可以佐证这个观点的信息时，我感觉好了一些，但是我们仍应该铭记这一重要信息。"

1835年，是达尔文在英国皇家海军"小猎犬"号上担任博物学家的第4个年头。2月20日下午的时候，达尔文正在智利南部的瓦尔迪维亚港附近的森林里探险，他感觉到了一阵震动，他猜测是某处发生了强地震，震动让他头晕目眩。达尔文在书中指出，长达2分钟的地震后，树木纹丝不动，但是潮汐受到了奇怪的影响，岸边卷起了几股大海浪。但是由于智利地震频发，因此25岁的达尔文没有把这次地震放在心上。直到两个星期后，当"小猎犬"号抵达瓦尔迪维亚港以北400千米的康塞普西翁港时，达尔文发现眼前一片狼藉，整个海岸满是木材和家具，仿佛有一千艘船被撞毁了。沿着被海浪袭击过的岸边行走，达尔文看到数百块海底岩石被抛到了海滩上，其中一块大约60厘米厚的石板。海浪竟能卷起如此重物，实在让人震惊。

据达尔文在书中记载，邻近的港口城镇康塞普西翁和塔尔卡瓦诺被地震摧毁，尽管塔尔卡瓦诺的大部分损失是由随后的海啸造成的，一股巨大的海浪从海里冲过来，海水淹没了塔尔卡瓦诺，席卷了倒塌的建筑残骸。达尔文对海啸的具体描述（虽然他当时用的不是"海啸"这个词）是基于当地目击者的讲述，堪称报告文学杰作：

"就在地震发生后不久，五六千米外就出现了一股巨浪，从海湾中央向城市逼近，海浪的轮廓平滑流畅，以势不可挡的力量一路前进，掀翻了岸边的茅屋和树木。在海湾尽头，巨浪分散成一排恐怖的白色浪花，垂直高度约7米，比最高的春潮还要高。这些浪花的力量势必惊人，因为在堡垒里，一门大炮连同它的马车（估计有4吨重），被海浪向内移动了4米多，一艘大帆船被遗弃在距离海滩很远的废墟中。第一波海浪过后，紧接着又来了两大股海浪，海水退去的时候夹带着一大堆漂浮物的残骸。在海湾的一角，一艘船被海浪来来回回地抛到岸上又卷走。巨浪的移动速度一定很慢，因为塔尔卡瓦诺的居民们有时间逃到村庄后面的山丘上避难。有些水手把船驶向大海，他们相信，如果能在海浪破裂之前抵达浪头，他们就能平安无事。一位老妇人带着一个四五岁的小男孩躲到了一艘小船里，但是没有人划船，结果小船撞在一个锚上，被切成了两半。老妇人被淹死，而小男孩紧紧抓着船的残骸，几个小时后获救了。海水淹没了废墟，孩子们用旧桌子和旧椅子造船，玩得很开心，但是他们的父母很痛苦。"

在今天看来，达尔文在书中描述的灾后景象不足为奇。2004 年印度洋海啸和 2011 年日本海啸后的电视转播画面，向世人传递了许多令人难忘的细节，这些细节与达尔文的描述相同。一股巨大的、势不可挡的海浪从地平线上冲过来，岸边的海浪翻涌，力量巨大、冷酷无情，把整个渔船队卷起抛到了岸上。关于失踪和奇迹生还的故事开始流传，幸存者们陷入痛苦和麻木。自达尔文经历了智利海啸后的几年里，全世界各个大洋也发生了几十起类似的海啸灾难。事实上，几乎每年地球上都会发生海啸。但是我们究竟对海啸了解多少呢？关于海啸，我们还有什么发现呢？

1868 年 8 月，智利的阿里卡镇在大地震和海啸后被夷为平地

当达尔文在塔尔卡瓦诺的废墟中漫步时，现代地震学的基础已经基本建立了。80 年前，也就是里斯本地震发生后，目击者和幸存者们收到了关于海底地震及其影响的调查问卷，对一系列详细问题做了回答，问题包括："地震持续了多长时间？""感觉到了多少次余震？""你注意到大海、喷泉和河流的情况了吗？""海水是先上升还是先下降？""比正常水平上升了多少？""海水异常起伏的次数是多少？"。欧洲各地的科学家们将搜集来的数百份问卷答案进行核对与交叉引用，揭示了关于地震和海啸的丰富信息。这是对自然灾害进行客观概述的首次系统性尝试，被证明是地震学发展中的里程碑时刻。

来自剑桥大学的年轻博物学家约翰·米歇尔首次对里斯本地震报告做了全面综合分析，并在其论文《关于地震原因的推测及对地震现象的观察》（1760）中得出了一些不同寻常的结论，这篇论文在今天仍大受欢迎。论文首先概述了与历史性灾难有关的目击者材料。据此，米歇尔发现地球上某些地区易反复受地震的影响，即这些地区的地质比其他地区更为活跃。这个结论在今天看来是显而易见的，但在当时，确实是地震研究的一个重大进步。地震不是随机分布的，而是某一地区的聚集性反复活动。因此，地震学面临的任务不是猜测下一次哪里会发生地震，而是研究地震易发地区的地层活动状况。

米歇尔运用最新的地质学知识解开了地震产生的谜团，并得出了一个全新的假设：熔化的岩石会使海水蒸发，从而产生地下蒸汽，蒸汽会在均匀的地层之间游走，然后在地表附近中断。之后，蒸汽涌向地表，在活动过程中会产生强劲的地震波，地震波穿过地壳，也就形成了地震。当然，米歇尔对于地下蒸汽的看法是错误的，因为板块构造理论在两个世纪之后才被提出，但是米歇尔对于地震波在固体中传播的观点是正确的。他形象生动地将地壳比作是一条地毯，地毯的一边翘起，然后又突然落回地板，可以观察到冲击波穿过了整条地毯。

关于里斯本地震的调查问卷证实了，根据地理位置不同，人们是在上午的不同时间感受到的第一波地震，而且强度不同，而地震和后来的海啸之间的间隔时间，却是沿着海岸而逐渐增加。米歇尔认为，可以通过测量不同地点的地震波方向和抵达时间，来确定地震的震源。于是，米歇尔利用一系列的地震观测和海啸抵达时间，推测地震的震源来自海底，纬度在里斯本和波尔图之间（可能更靠近前者），距离海岸可能有 40 到 60 千米。从各方面来看，米歇尔的推测确实令人印象深刻。

此外，米歇尔还致力于研究海啸的力学原理，他认为，海啸是由于海底震源上方的地面突然下陷，海水会涌向四面八方，造成周围所有海岸的海水退去。不久……地壳被抬高，地壳上覆盖的海水涌向四周，产生巨浪。米歇尔的解释同样是正确的，但是他给人印象最深刻的见解是，海啸波以不同的速度穿过不同深度的海域：

"可以观察到，海啸波的传播时间与从假设的震源到不同位置的距离并不成比例……而不成比例的原因，应该是海域的深度不同。因为在每一种情况下，无论海啸波穿过的海域是更深还是更浅，所用的时间都是成比例地缩短或延长。"

米歇尔发现了海啸的一个关键特征，即海啸的速度变化无常。由于海啸产生于整片海水的搅动，因此像大海一样深。不同于风力地面波，海啸的深度和长波意味着，其在摩擦过程中，几乎不会损失任何能量。事实上，海啸在大海里不仅不会丢失能量，而且会随着海域加深而变得更快，形成一系列细微的涟漪，有时候这些涟漪间距达数百千米。正如我们所见，根据穿过的海域深度不同，这些涟漪的传播速度极快。在太平洋中部海域，这些涟漪的传播速度可达 800 千米 / 时，快如一架蒸汽飞机，而在印度尼西亚的巽他海峡等较浅的海域，可低至 100 千米 / 时，其实还是很快的，起码比我们跑步和游泳的速度快得多。

但是，只有当这些涟漪登陆的时候，我们才能看到巨大的破坏力。在开阔的海域，海浪的低振幅只会引起微弱的涌浪，但是当海浪接近陆地的时候，由于海岸线和浅水域对海浪底部产生的摩擦，海浪会很快减速。随着速度变慢，海浪开始上升，后面的海浪会堆在前边的海浪上，形成陡峭的水墙。长波海啸可以先到达波峰，也可以先到达波谷，这取决于长波海啸的特殊形成机制。海啸来袭前的标志性退潮，其实是波谷在波峰之前先到达，也是海啸即将来袭靠岸最明显的迹象之一。但是不同于直冲式的碎浪，长海啸波会继续冲进内陆很远的地方，有时长达数千米，承载了整个大海的重量。而直冲的碎浪一旦撞上碎波带，能量就会消散。许多目击者也证实，这些浪花更像洪水，而不是传统的海浪，就像有一股力量从后面推着海水。4 月 1 日愚人节海啸的一位幸存者描述称："不是想象中的翻滚的海浪。我说过，有好多次，就像往杯子里倒水，水倒进杯子里，然后就会溢出。"海水因为海啸的长波（波峰之间的距离）而溢出，海啸波越长，每一波海浪向内陆移动的距离就越远，直到海浪最终破裂，然后开始破坏性地后退。

　　一般而言，海啸会反复冲向海岸，退潮很多次，海浪抵达的间隔时间长达 1 个小时。所以，在第一波海啸中幸存下来的人们以为噩梦已经结束了，其实更大的第二波、第三，甚至第四波海啸会接踵而至，每一波海啸都会带来巨大的破坏。这一现象引起了海洋地质学家弗朗西斯·谢泼德的注意。弗朗西斯·谢泼德是驻夏威夷小型美国科学家团体的一员，1946 年 4 月，他们正在比基尼环礁等待观察原子弹爆炸试验。各位科学家目睹了 4 月 1 日的愚人节海啸，因此在 2004 年的 12 月 26 日海啸之前，愚人节海啸是历史上被研究最多的海啸。

　　海啸发生时，谢泼德正在位于欧胡岛北岸租来的小屋里睡觉。早上六点半，他和他的太太被一阵巨大的嘶嘶声吵醒，据他所述，那声音听起来像几十辆火车喷着蒸汽在小屋外边驶过。第一波海啸正在登陆。谢泼德抓起相机，跑到小屋外观察情况，他看到海水迅速地后退，整片礁石一览无余。尽管谢泼德知道，下一波海啸马上就要来到，但他还是大大低估了海啸的规模和凶猛程度。他留在沙滩上，等着拍摄即将来袭的下一波海啸。他突然意识到，在遥远地平线上的第二波海啸比第一波要强烈得多。几分钟后，海水冲进了小屋。谢泼德回忆称，"冰箱从我们的左侧漂过，径直地朝甘蔗地漂去"。当第三波海啸登陆时，海边的房屋已经被海浪摧毁，沿岸的 6 个人遇难，谢泼德和他的太太已经爬到了高处避难。

**1946 年 4 月 1 日，第
一波海浪袭击了希洛
湾的椰子岛**

　　如此近距离地目睹了一场海啸后，谢泼德决心要更
多地了解海啸这一现象，以期为建立某种海岸预警系统
做出贡献。毕竟，他勉强躲过了海啸，而其他人就没那
么幸运了。9 个月后，谢泼德和其他两名合著者在《太平
洋科学》杂志上发表了一份颇具影响力的论文，论文开
篇对"海啸"的同义词进行了实用的语言评价：

　　　　"海啸有时也被称为'地震海浪'，通俗叫法
　　　是'潮汐波'。但后者显然不可取，因为海浪与潮汐
　　　没有任何联系。在这里，我们使用'海啸'而不是
　　　'地震海浪'，是因为'海啸'更简洁，而且'地震
　　　海浪'一词的正确性有待商榷。"

"潮汐波"这一不恰当的说法可能源自海啸所表现出的类似潮汐的行为。正如我们所见,海啸不同于传统的海浪,尽管靠近浅水区的海啸有时会形成涌潮状的海浪——波面陡峭,呈阶梯状。但是与海啸不同,涌潮是真正意义上的潮汐波,由涌入河流和河口的大浪引起,虽然涌潮和海啸的成因不同,但对陆地造成的影响却相似。以怒潮为例,它是一种普通的潮汐涌潮,虽然经过一个世纪的疏浚与开发,它已经成为过去,但也曾对诺曼底塞纳河下游造成严重损失和人员伤亡。现存最大的怒潮是中国杭州的钱塘江怒潮,高度可达 9 米。

与此相反,畸形波是一种单一的山状海浪,似乎是凭空出现的。畸形波的成因尚不明确,但是人们认为是源自强风和强洋流的异常聚焦效应,一连串普通的海浪被拧成一股,形成巨大的海浪,卷起四周的海水,就像海啸靠岸一样。虽然畸形波比较罕见,但是可以对航运造成严重破坏。

与此同时,"地震海浪"一词可能和"潮汐波"一样容易引起误解,因为并非所有的海啸都是由地震活动引起的。众所周知,山崩、岩崩和火山爆发都会引起特大海啸,而在极少数情况下,海啸是由陨石或其他外太空物体引起的,就像电影《天地大冲撞》(1998)里描述的那样,甚至还出现过气体水合物喷发或核武器试验导致海啸的奇怪情况,但是,绝大多数海啸是由海底地震引起的。

这张照片拍摄于 1903 年,游客们在诺曼底的科德必观看塞纳河上的怒潮。怒潮由大春潮引起,经常造成船只损坏,有时也会造成人员伤亡。在采取疏浚和其他预防措施后,塞纳河的怒潮就几乎消失了

Quinzième année. — N° 765.

Huit pages : CINQ centimes

Dimanche 4 Octobre 1903.

Le Petit Parisien

SUPPLÉMENT LITTÉRAIRE ILLUSTRÉ

TOUS LES JOURS
Le Petit Parisien
(Six pages)
5 centimes

CHAQUE SEMAINE
LE SUPPLÉMENT LITTÉRAIRE
5 centimes

DIRECTION: 18, rue d'Enghien (10ᵉ), PARIS

ABONNEMENTS
PARIS ET DÉPARTEMENTS
12° mois, 4 fr. 50, 6 mois, 2fr. 25.
UNION POSTALE
12° mois, 5 fr. 50, 6 mois, 3 fr.

LE MASCARET. — A CAUDEBEC-EN-CAUX

大约在 1940 年，在密歇根州的比斯开湾，一艘商船遭遇了畸形波。畸形波被认为是由一系列海浪通过强风和强洋流的作用结合而成的

海啸成因

　　谢泼德在论文中还指出，虽然大多数的海啸与地震有关，但是地震本身很少是直接成因，相反，地震和海啸都是由同一次突发的地壳位移引起的。谢泼德的这一观点至关重要，因为我们只知道大多数的海啸与海底地震有关，但并不了解海啸形成的确切机制，比如海底塌陷、接踵而至的山崩，或其他的海底活动。

　　并非每一种地震都会引起海啸。以 1906 年的旧金山地震为例，地震波冲向很远的海域，但是由于圣安德烈亚斯断层是横向滑动而非垂直滑动，因此这次地震没有引发海啸。要产生海啸，海底某区域需要有大幅度的垂直运动，这通常与主要俯冲带的板块边界滑动有关。这些板块是地壳中的长缝，一个板块在另一个板块下滑动或俯冲，然后融化，回到炽热的地幔中，就像传送带上消失的末端。但是，这个过程通常并不顺利，俯冲板块的各个部分通常会黏附在静止的板块上，将静止板块向下拉扯很长一段时间，然后才会释放累积的拉力，被释放的静止板块会弹回原位置。

2004 年 12 月 26 日的地震就是这个原理。当时，沿着爪哇海沟的一段俯冲板块被长期卡住，突然释放后导致 1 200 千米长的海底弹了几米，使得大量移位的海水在印度洋上形成特大海啸。此类巨大的断裂被称为大型逆冲区地震，在历史上曾多次引发远距离的致命性海啸。

海啸的破坏性不仅取决于始发地震的规模和持续时间，海啸的离岸距离、当地海岸地形的复杂程度同样起着重要作用，而后者可以决定岸上的生死存亡。背靠陡峭海床的海岸线相对而言不会受到海啸的袭击，而邻近海床较浅的地区则会完全受到海啸袭击的影响。在泰国，当地的水深测量和海滩位置，注定许多人会在 12 月 26日海啸中遇难。比如，普吉岛西岸的卡隆海滩前面有一个沙丘，为减弱海啸的威力发挥了重大作用，而以北几千米的卡马拉海滩，则有一大片近岸岩石平地，足以让海浪冲进内陆，造成严重的人员伤亡。蔻立海滩同样损失惨重，因为海滩前有一大片宽阔的浅海海床，海啸发生时，海床缓慢上升，海浪全速冲向了内陆。

在斯里兰卡，繁忙的欧陆威渔村第一个受到海啸袭击，但是得益于附近的海底峡谷，只有两名村民遇难。海底峡谷的深度和形状驱散了海浪的能量，因此削弱了海浪的高度。但是，在海岸以北几千米的卡尔穆奈镇，却几乎被同一波海啸完全摧毁了，造成8 500多人遇难。造成如此悲剧的原因是，附近的海脊把海浪能量集中到了岸上，加大了海浪的规模和威力。在斯里兰卡的东部海岸，同样的海脊和海底峡谷造成了同样的死伤和破坏。有的地方损失惨重，有的地方损失较小，有的村庄被海水冲走了，有的村庄几乎没有受到影响。正如布鲁斯·帕克说，很难想象周围受灾村庄的幸存者们要如何接受当地的海床形状决定了他们的生死这一事实。

海底地震不是造成大海啸的唯一因素。事实上，记

在俯冲带，一个密集的大洋板块俯冲到一个较轻的大陆板块之下，当它们被卡住时，拉力就会增加。当被卡住的板块晃动起来，便会引发地震，大片的海床会动，引发海啸

录在册的最大规模的海啸是由阿拉斯加湾的岩崩引起的。1958 年 7 月 9 日，阿拉斯加州费尔韦瑟断层附近发生了 8.3 级的大地震，造成利陶亚海湾（阿拉斯加湾的一个山脊海湾）上方约 3 000 万立方米的岩石和冰发生松动。松动的岩石直接从近千米的高处坠入了海水中，并激起 524 米高的巨浪。海浪在冲向 11 千米长的海湾口时，高度略有下降，海浪冲入海湾时，岸边数百万棵树被拔起。第二天，一名目击者接受了美国地质调查局唐·米勒的采访，据他所述，海啸发出了爆炸声。他回忆起当天的情形，海浪冲击了他的渔船"伊德里"号，他大声呼救："救命！救命！我在利陶亚海湾的'伊德里'号上！事情一团糟！我觉得我们要完蛋了！再见！"当时，海湾上共有 3 艘船，其中两艘侥幸躲过一劫，剩余那艘约 17 米长的拖网渔船"太阳"号上的船员全部遇难了。

这张航拍照片是美国地质调查局在利陶亚海湾海啸发生几周后所摄

　　大海啸发生后的几年里，利陶亚海湾上原本长满针叶树的地方被桤木取代，每年秋天叶子掉落时，绿荫四周就浮现出一条棕色的线，这是历史上最大海啸来过的印记，揭示了它的可怕规模。然而，悲剧是否会再次上演呢？ 1999 年，来自伦敦大学学院的地球物理学家们预测，加纳利群岛上一座叫康伯利维亚的古火山即将崩塌，这一预测引起了全世界的关注。他们声称，火山崩塌将会引起整个大西洋的特大海啸，100 米高的海浪将会对整个非洲和欧洲的沿海地区造成大范围破坏，然后会摧毁美国和巴西人口稠密的东部海岸。虽然他们的说法仍存在争议，因为后来的海洋学家们指出，加纳利群岛的山体滑坡往往是循序渐进的，而不是大规模爆发，但是这大大提高了公众对于太平洋以外的海啸危害性的认识。

　　岩崩也有可能造成大规模的淡水海啸。瑞士的一项研究表明，6世纪，日内瓦湖上曾发生过海啸，而且规模很大，这场海啸是由日内瓦附近高山山脉的巨大岩崩引发的。8米高的浪摧毁了日内瓦大桥，席卷了湖边的村庄，造成大量死伤。这一事件提醒我们，并非只有大海和峡湾会发生海啸。

正如上一章所讲，海啸的强度并不总是与始发地震的强度相对应。缓慢但强劲的海底断裂，被称为海啸地震，会引起比始发地震大得多的海啸，比如1896年的日本海啸。这些长时间的地震极其危险，因为它们通常很微弱，不会触发海啸自动预警。而且，即使沿海居民们感觉到了轻微的震动，也料想不到接下来会发生破坏性海啸。

1896年的三陆地震就是个典型例子，此次海啸的严重程度令人震惊，导致日本进入了地震学的新时代。当时，到日访问的英国地质学家约翰·米尔恩领导的小组刚刚发明了水平地震仪。1899年，地震学家田上今村提出，海啸是由海底地壳运动引起的，预示了日后提出的板块构造理论。如同约翰·米尔恩在19世纪做的一样，田上今村研究了历史上发生过的地震，并据此推断，东京地区将在50年内发生一场大地震，造成严重死伤。在1905年发表的一篇论文中，田上今村敦促日本政府在东京地区加大一系列抗震措施的投入，但是几乎没人把田上今村的警告当回事。1923年，田上今村的警告被证实，关东大地震和海啸摧毁了东京，造成约14万人遇难。自此，日本在抗震建筑设计方面一直处于世界领先地位，但是在 2011 年 3 月大地震中，世界上最好的建筑依旧无法抵挡住大海的力量。

世界海啸

英语世界首次知道"tsunami"这个词，是在 1896 年的海啸发生后。在日本，这个单词的起源至少可以追溯到 17 世纪，当时一位匿名法律雇员在日志里首次提到了这个单词。日志记录了 1611 年 12 月发生在三陆海岸的地震和海啸："据了解，正宗地区邻海的土地遭到了巨浪的袭击，所有的财产损失殆尽。5 000 人死于溺水。人们称为海啸。"显而易见，沿海居民们早已开始使用这个词，而且这个词很有可能是由渔民们所创。由于这种海浪只有在进入沿海水域时才可见，因此人们将这种现象称为"海啸（海港波）"。

早期日本人用了一系列不同的说法来描述海啸。一份 7 世纪的法庭文件将 684 年白鹏—南海海啸描述为"大潮汐"，而在"tsunami"这个词出现前，人们还用过"大波""流向四面八方的海浪""高波""高潮"，以及"咆哮的大海"，这些五花八门的叫法让我们很难查证历史上的某次洪水是否真的是由海啸引起。与此同时，在喀拉喀托火山爆发之后，学界开始使用"超级潮汐波"这个说法，在英国皇家学会发表的一份灾害报告里，将海水的后退称为"负超级潮汐波"。

日语中"tsunami"是通过两位旅行者发表的关于日本明治三陆海啸的报道而引入英语的。第一位是美国游记作家埃莉萨·鲁马·锡楚德莫尔。她在19世纪80年代和90年代经常访问日本，她的哥哥是驻横滨的一位外交官，她后来在华盛顿的波托马克河沿岸种植樱花树方面起了重要作用。埃莉萨于1896年在《国家地理》杂志上发表了关于三陆海啸的报道，她在报道中写道：

> "1896年6月5日傍晚，日本最大的岛屿本州岛的东北海岸遭到了强烈的地震波袭击。这场地震的破坏性，比19世纪日本发生过的任何一次地震都要大，对生命和财产造成了严重破坏。"

她写道，整个三陆海岸被一股从东部和南部而来的巨浪夷为平地，巨浪的高度从3米到15米不等。

3个月后，爱尔兰裔怪谈神话作家拉夫卡迪奥·赫恩发表了一篇关于这场海啸的更详细报道。赫恩是一名天涯怪客，定居日本，并取名小泉八云。他目睹了海啸后的惨状，并在1896年12月《大西洋月刊》发表的一篇文章中描述了海啸后的景象。他写道："从远古时期开始，每隔几个世纪，日本海岸就会遭受强劲的潮汐波袭击。这些潮汐波由地震或者海底的火山活动引起。日本人把这种海水突然上升的可怕现象叫作'tsunami

（海啸）'。"赫恩对海啸的描述是基于目击者的回忆细节：

> "在暮色中，大家向东望去，在昏暗的地平线边缘看到了一条细细长长、昏暗的线，就像一个从未出现过的海岸影子。在大家的凝视中，这条线逐渐变粗、变宽，而且移动速度越来越快。是回潮的大海，海水像悬崖一样高耸，比风筝飞得还快。人们尖叫着：'海啸！'然后，所有人尖叫起来。突然间，所有的尖叫声、所有听得到的声音，都被一种莫名的震感湮灭了，这震感比任何雷声都要响，巨大的海浪重重地拍打着海岸，整个山丘都颤抖起来。"

自此，"tsunami"这个词开始出现在其他的英语表达中。比如，1905年，《自然》杂志发表了一篇关于日本地震的文章，文章指出，"在源自太平洋海底的47次破坏性地震中，有23次引发了海啸或海浪"。但是直到1946年4月1日海啸发生之后，人们才开始普遍使用这个单词。尤其是像弗朗西斯·谢泼德这类地震学家，相较于"潮汐波"，以及英国皇家学会提出的"超级潮汐波"这类更古老、更熟悉的说法，他们更多的是用"tsunami"。

到了21世纪初，在全球大范围报道1998年巴布亚新几内亚独立国海啸之后，"tsunami"一词开始具有了比喻意义，并且被大量用于各种隐喻性表达。在英美报纸的网上档案馆里进行快速搜索，会弹出很多相关表达，比如，坏消息如海啸般袭来、海啸般难以置信的滑稽（这个说法源自 2001 年 9 月，英格兰足球队以 5 : 1 战胜了德国）、海量的肥胖症、海量的垃圾食品（这个用法在美国竞选过程中遭到记者们的抨击）。甚者，《柳叶刀》的一篇文章的标题也用到了类似的表达，"席卷全球的心血管疾病"。我的一些教师同事也常常提到，每年夏天，他们的办公桌都要被"海量的试卷"淹没。但有趣的是，虽然"tsunami"现在已经被完全引入了比喻性英语，但"tidal wave"的隐喻意义却几乎消失了。

历史上的海啸研究

地震学是一门预测性学科，在实际研究中，地震学旨在重塑过去，寻找可以帮助预测未来地震的历史线索。而古地震学是地球科学的一个快速发展的分支，主要研究两类历史和史前事件：一类是缺少书面记录的事件，比如 8 000 多年前的"storrega"雪崩大海啸，人们认为这场海啸由挪威海岸的海底滑坡引起，并且袭击了苏格兰和英格兰东部；还有一类是文字记录缺乏可靠性的事件，比如 365 年，袭击了埃及亚历山大的东地中海地震和海啸。

4 世纪的罗马史学家阿米阿努斯·马塞利努斯在《往

事》第 26 卷中，详细描述了发生于 365 年的东地中海海
啸，他写道，7 月 21 日破晓后……

　　"海水向后退去，海浪翻滚，海水消失不见了，
海底的深渊一览无余，人们看到很多奇形怪状的海
洋生物被困在淤泥里……人们在残留的海水中漫步，
不时拾起一些小鱼之类的海物。然后，大海仿佛受
够了侮辱咆哮着回涨，海水冲过热闹的浅水区，狠
狠地拍打着岛屿和大片的陆地，摧毁了数不尽的建
筑物。"

　　书中还记载了数以千计的人死于溺水，沿岸都是遇
难者的尸体，在距海岸近 3 200 米的房顶上，还有搁浅的
船只残骸。
　　乍一看，这明显是对毁灭性海啸的一段经典描述，
并附有可核实的时间。但事实上，直到 6 世纪，人们才
将 7 月 21 日定为亚历山大的"恐怖日"，每年还会举行
纪念活动。在此，我们要密切关注两类证据——历史证
据和地质证据，这两种证据都充满了不确定性。首先，
我们从不清楚旧资料描述的是单个事件，还是过去多个
事件的结合。马塞利努斯可能描写的是过去很长时间内
的一系列地震活动，把它们压缩凝练成了一篇。其次，
地质学家一直没有找到确凿的地质证据，来证实地震和
海啸的发生日期及描述，比如断裂地点或珊瑚沉积物。

直到 2008 年，由英国地理学家贝丝·肖领导的一支研究队伍最终确定了克里特岛南部的一处断层，该断层使得克里特岛的西岸抬升了 10 米，在海岸线上留下了类似浴缸水位线的痕迹。此外，该断层还抬高了海床，在地中海东部的大部分地区引发了大规模的海啸。同时，对克里特岛裸露的珊瑚进行碳测年，结果证实了东地中海海啸的发生时间与马塞利努斯和其他历史学家推测的时间大致相符。由此，地质证据证实了书面记录。

研究人员们还发现，该断层至今仍在继续积累拉力，计算机模型和现场证据表明，每隔 800 年左右，该地区就会发生一起类似规模的地震和海啸。该地区上一次发生大规模地震和海啸是在 1303 年，随着地中海沿岸的人口数量越来越多，有必要加强人们的忧患意识，并教他们如何应对大地震。与以往一样，推行这项工作的挑战在于说服当地的决策者，让他们听取专家们的意见。

过去，海啸常被误认为是洪水或者风暴潮，尤其是始发地震或山崩发生在距离海啸很远的地方，人们会认为两者之间不存在因果关系。一个典型的例子就是 1607 年 1 月 30 日发生在布里斯托尔海峡的洪水，尽管多位目击者表示当时天气晴朗，但人们长期以来一直认为这是场灾难性的风暴潮。一位目击者称，逼近的海浪就像相互翻滚的巨大而雄伟的山丘，犹如全世界最高的山脉淹没了低矮的村庄和沼泽。而在这波巨浪到来前，布里斯托尔海峡的海水似乎被击退了，预示着海啸即将到来。

　　地理学家西蒙·哈斯莱特和爱德华·布莱恩特进行
的实地研究证实了，这场导致 2 000 人溺亡的可怕洪水，
其实是海啸，而且很有可能是由爱尔兰海岸附近一个已
知断层的海底破裂引起。爱尔兰当地的记录也证实，当
天早晨，人们感觉到了地震。地理学家们发现的地上证
据包括被巨浪冲上岸的巨石、在沿岸的淤泥中发现的
20 厘米厚的沙子、贝壳和石头、赛文河河口上的岩石
侵蚀痕迹。据目击者所述，当时的天气晴朗，泛着泡沫
的海水向海岸逼近，浓烟滚滚，好似所有的山脉都着了
火……好似千万支利箭同时射出。把这些明显具有历史
意义的海啸信号和目击者的描述结合起来，我们几乎可

1607 年，布里斯托
尔海峡洪水（海啸）。
本图出自一本小册
子《威尔士蒙茅斯
郡传来的不幸消息》
（1607）。大约 2 000
人在此次海啸中溺
亡，海浪速度之快令
人难以置信，甚至连
猎犬也未能幸免

以确定，这场创伤性灾难就是海啸。

近年来，古地震学解开了许多类似的谜题，包括流传已久的 1700 年 1 月"孤儿海啸"之谜。这场海啸袭击了日本东海岸，而在海啸发生前，西太平洋任何地方都没有发生过地震。在日本，地震与海啸之间的关系已经很清楚了，但是在近 300 年的时间里，这场海啸一直是个谜，公众普遍认为这其实是一次异常的灾难性满潮，而不是真正的海啸。到了 20 世纪 80 年代，在太平洋西北地区工作的地质学家们开始整合来自俄勒冈州和加利福尼亚州沿岸的证据，这两个地区沿着高度活跃的卡斯凯迪亚断层延伸，离岸约 80 千米。在卡斯凯迪亚沿岸，地质学家们发现了大量具有历史意义的地震和海啸遗迹，其中破坏性最强的一次可以追溯到 18 世纪初。最具说服力的证据来自树木年轮研究，研究表明，沿海森林突然下陷，造成雪松和云杉树死亡，于 1699 年形成了最外层的年轮，也就是"孤儿海啸"发生前的最后一个生长季节。由此，地震学家们界定了地震和相关的森林下陷发生的大致时间，即 1699 年 8 月到 1700 年 5 月的生长季节。

与此同时，在日本的历史记录中，海啸到达的时间更准确地说是在 1700 年 1 月 26 日凌晨。综合各种历史证据和地质证据，我们可以得出结论，前一天晚上 9 点左右，一场 8.7—9.2 级的大地震撕裂了卡斯凯迪亚约 1 000 千米长的俯冲带，引发了一场跨太平洋的大海啸。

19世纪的版画，展示了遭受海啸袭击的日本岩手县海岸

8 个小时后，这场海啸在毫无预警的情况下袭击了日本东北部。"孤儿海啸"的地震"父母"找到了。

解开旧谜团的同时也为未来点亮了希望。卡斯凯迪亚的俯冲带地区大约每隔 500 年就会发生一次地震海啸。太平洋沿岸已经部署了预警系统，无论下一次卡斯凯迪亚地震何时发生，日本再也不会因为地震引发的远距离海啸而措手不及，但是北美洲自己呢？我们从印第安人的记载中知道了这一场破坏性强又猝不及防的海啸，那么卡斯凯迪亚沿岸的各大城市，比如波兰、西雅图、温哥华，要如何防止悲剧重演？杰里·汤普森在著作《卡斯凯迪亚：即将到来的地震和海啸将摧毁北美洲》（2011）中指出，地震学家们预测，未来 50 年内，有 37% 的概率将发生一次超级大地震（震级为 8～9 级），其后果基本上与 2011 年 3 月的日本大地震相似。即使日本在灾害预防方面领先全球，但仍然损失惨重，这对于灾害预防准备相对不足的太平洋西海岸而言，不是个好兆头。2013 年 3 月 11 日是日本海啸发生两周年，当天，在波兰举行的新闻发布会宣布了俄勒冈恢复计划。发布会的结论发人深省：俄勒冈至今仍未从卡斯凯迪亚大地震的影响中恢复过来。另一让人感到十分不安的事实是，地震与海啸之间的间隔时间通常只有短短的 15 分钟。15 分钟可能足以发布海啸预警，但不足以让人们注意到预警。地质学家布莱恩·阿特沃特总结了海啸幸存的三大必做事情，世界上所有的沿海居民，尤其是那些住在俯冲带附近的人们，一定要把这三件事情时刻牢记在心：

"如果你感受到了强地震，跑到高处。如果大海异常退潮，跑到高处。如果海啸来袭，待在高处。第一波海啸不会是最后一波，也不会是最高的一波。"

3. 饿浪传说：神话传说中的海啸

> "在100年前的尤罗克神话中，雷想让人们拥有充足的食物。他认为，让大草原变成海洋，人们就可以有足够的食物。于是，他向地震求助，地震就四处奔跑，最后陆地下陷，草原变成了充满鲑鱼、海豹和鲸鱼的海洋。"

2005年1月初，海啸发生一周后，有传闻称在印度南部的海滩上发现了一具美人鱼的尸体。尽管传闻是假的，但真相却让人心酸。海啸后发现的尸体通常无法辨认，所以与其说这是一场骗局，不如说是人们借神话来逃避这一残忍的事实。海啸过后，人们借幻想来掩盖现实的痛苦。

在地震活跃的地区，一直流传着这类故事。哪里有海啸，哪里就有海啸传说。本章节将从文化、历史和地质三个方面，讲述来自世界各地的各种海啸神话传说。

警世故事

印度洋海啸发生后，最引人注目的一个故事当属与世隔绝的莫肯人。他们半游牧、半依海而生，被称为"海上吉卜赛人"，在缅甸和泰国西海岸的安达曼群岛附近捕鱼。当天，在大地震发生半小时内，海啸袭击了安莫肯人是安达曼群岛上的半游牧民族，一年中有半年时间在海上的独木舟中度过。他们把对海洋行为的深入了解编成故事，比如《饿浪传说》。得益于这些故事，他们在 2004 年的印度洋海啸中幸存下来

达曼群岛，虽然莫肯人的房屋和大多数船只被巨浪摧毁了，但据报道，约 3 000 个莫肯人中只有 1 人遇难。当海水显示第一个撤退迹象时，他们要么向内陆安全的地方游去，要么坐着传统的独木舟向深水区驶去。正是莫肯人对大海的了解，他们才能幸存下来。这些知识以警世故事为载体，代代相传，其中就包括《饿浪传说》。

安达曼群岛的半游牧莫肯人一年中有半年是在科旁渔船中度过。在 2004 年的印度洋海啸中，他们对海洋行为的深入了解拯救了他们的生命，并保存在《饿浪传说》等故事中。

传说讲述了愤怒的祖灵一次又一次召唤饿浪拉伯恩，祖灵的盛怒足以让地球颤抖。海浪还没来得及吞噬那些没有注意到预警信号的人，海水就从岸边退去。拉伯恩

饥肠辘辘，其他海浪都惊恐地逃走了。饥饿的拉伯恩抵岸，淹没了大地，吞噬了经过的万物。

这个故事可能是一个耳熟能详的洪水神话，关于自然力的毁灭与新生，世界在一场复仇性的洪水后重生。但这个故事还准确描述了大海的行为，大海显然会在巨浪来袭前把自己腾空。正如美国教师马萨·麦金尼斯在 1946 年所言，"大海好似张开血盆大口，一下子把海水吞下肚了"。"饿浪传说"也提到了一些预兆，由此，这个令人难忘的传说故事成了一个有效的海啸预警信号。

类似的故事还挽救了锡默卢岛上大多数人的性命。锡默卢岛是距离苏门答腊岛西海岸的一座多山岛屿，距离震源只有数千米远。在大地震发生的短短几分钟内，锡默卢岛的西北岸遭受了 2—10 米高的海浪的袭击，但是据报道，岛上的 7.5 万人中只有 7 人遇难。锡默卢岛是距离地震袭击区最近的有人居住的海岛，岛上的死亡人数之所以如此低，可以归功于岛上流传的警世故事。苏门答腊岛上的警世传说可以追溯至 1907 年1 月，当时岛上发生了大海啸（和 2004 年的印度洋海啸源自同一断层带），造成约一半的人口遇难。许多人看到海水撤退，就跑到海滩上避难，结果被海水淹死了。当他们忙着捡海滩上的鱼时，致命性的海水朝他们扑来。

那些幸存者借故事或者民谣，向他们的子女和后代讲述海啸的危险性。有的人将大海描述成一个巨大的浴缸，突然一阵骚动，海上出现活动速度极快的巨浪；还有的人把大海比喻成跷跷板——海平面先是下降，然后突然升起。人们对大海生动的描述，源自对其痛苦的认知。正是因为口口相传的传统故事，锡默卢人才知道如何应对 12 月 26 日的地震。在地震平息后，海水开始撤退，有人大喊。大多数岛民在第一波海啸抵岸前，就逃到了附近的山坡上。如果锡默卢人没有把忧患意识深深植根于文化中，可能又会有数以千计的人在 12 月 26 日的海啸中遇难。

然而，警世故事并不能让我们免遭地震的袭击。2005 年 3 月的一次强烈余震，夷平了苏门答腊岛西北岸的大部分大型建筑，造成数百人遇难，其中就包括锡默卢人。

海啸民间传说

1883 年，位于印度尼西亚巽他海峡的喀拉喀托火山喷发。此前，当地的渔民们就一直在抱怨，夜里常常被火山神轰隆隆的呼吸声吵醒，或者被海神的叹息声吵醒。据说，每当被激怒，海神就会掀起猛烈的海浪。来访的荷兰勘测者曾宣称，喀拉喀托火山已经死了，但是他们中有没有人思考过，生活在此的早期居民们，为什么要抛弃这个被幽灵笼罩的岛屿，而它的邻居塞贝西岛上却人口

旺盛。

　　在夏威夷，火山、地震、海啸都很常见，口头相传与书面记录的文化里充满了几百年来人们对大海的观察。夏威夷语见证了那些受大海摆布的生命的不幸遭遇。

　　夏威夷流传的民间故事表明，人们一直以来都对海啸很熟悉。有一则故事讲的是大岛首领科尼康尼亚国王和生活在希洛湾的人鱼女之间的爱情。人鱼女被痴情的国王打动，上了岸，住进了国王的水边宫殿。但是第二天，人鱼女提醒国王，她愤怒的鲇鱼兄弟们可能会强行来带她回家。为了穿过海滩抵达宫殿，她的兄弟们要向大海求助。十天后，大海升起，从一端到另一端的陆地

19 世纪的木刻，海啸冲破了夏威夷海岸。夏威夷的语言和民间传说证实，几个世纪以来，夏威夷曾多次遭受海啸袭击

被海水淹没，海水一直蔓延到科尼康尼亚的宫殿门口。人鱼女在宫殿门口被她的兄弟们抓走，而科尼康尼亚国王可怜的臣民们被卷入海里淹死了。人们弃希洛湾而去，直到多年后，幸存的臣民们重返希洛湾，重新建设家园，并发誓再也不会激怒大海或者海里的居民们。

斯里兰卡流传的一则古老的洪水神话也讲述了关于人类与海啸的故事。传说，拉尼亚（现为斯里兰卡首都科伦坡的郊区）的国王科拉尼提萨曾下令处罚一名无辜的僧侣。众神被这种行为激怒，于是让海水涌向内陆，淹没了这个沿海王国。国王的大臣们提议，如果能给大海献祭一位公主，涌来的海浪就会停息。国王的大女儿自告奋勇做出牺牲，让国王很丧心。公主被放在一艘装饰精美的船上，船上还写着"国王之女"的字样。船只刚被放到波涛汹涌的海上，海浪就停下了，洪水也退去了。尽管国王和臣民们还在为失去勇敢的公主悲痛欲绝，但是公主在海啸中幸存下来了，还嫁给了邻国卢哈纳的国王卡万提萨。现在，斯里兰卡寺院里摆放着一尊公主的雕像，安详地注视着大海。这位公主也被尊为斯里兰卡伟大的传奇女英雄。

从现代西方视角来看，这些传说故事之所以让人印象深刻，是因为结合了魔幻与现实，让人难以忘怀，其典型表现是为精确观察到的现象，提供了万物有灵论或者神性的解释。这些故事在现实与想象之间搭起桥梁，尽管在邻近海岸线的一个海啸传说中，故事中的想象成分比最初出现的时候更真实。这个故事发生在印度南部的泰米尔纳德邦，讲述了雨和雷之神因陀罗对七寺城的美丽心生嫉妒的故事。七寺城是马哈巴利普拉姆的一处著名的建筑，马哈巴利普拉姆曾是孟加拉湾的一个渔港，位于距金奈市以南60千米处。因陀罗派了一股巨浪来摧毁她，只留下一处完整的建筑——装修精致的海岸神庙，现已被联合国教科文组织列为世界遗产。不过，泰米尔人的传说中依然流传着消失的宝塔的故事。1798年，当地人在接受采访时回忆道："我的祖父以前常提到，曾经在海浪中见过五座宝塔的镀金塔顶，现在已经看不到了。"

直到2004年12月26日早晨，人们才开始相信这类故事。在第一波海啸抵岸前，海水大规模撤退，暴露出一些好像是古代花岗岩的残骸，这些残骸沉入离海岸约五百米的海床中，虽然目前尚未拍到有关照片。几分钟后，涌来的海浪再次淹没了这些残骸，然后袭击了幸存的海岸神庙。由于其坚固的花岗岩地基，神庙没有遭受重大的结构破坏，但是海啸给故事带来了另一个转机。巨大的海啸逆流冲走了海滩上大量的沙子和泥土，暴露出一片此前不为人知的雕刻遗迹。这些雕刻遗迹约2米高，时间可追溯至7世纪。这些雕刻设计大胆，上面刻着一只狮子、一匹马和一头大象。突如其来的海啸让这处遗迹面世，还给考古学家们带来了一些难题。这些建筑是更大的庙宇建筑，甚至是传说中的七寺城的遗迹吗？还是1 200多年前当地繁荣兴旺但早已消失的海港的

位于印度南部马哈巴利普拉姆的海岸寺庙。根据当地的传说，它是被古代海啸袭击的七座传奇宝塔中唯一的一座遗迹

印度考古勘探局在海岸神庙马哈巴利普拉姆的南面挖了一些坑。在2004年的海啸中，这座被淹没的建筑显露了出来，它也许是曾经繁荣的古代海港的一部分

海啸中暴露出来的石刻，上面有一匹马和一头大象

一部分呢？这处建筑真的如当地传说的那样，是毁于一场较早的海啸吗？潮汐线外的层层贝壳和海洋残骸说明，历史上这里可能发生过洪水，科罗曼德尔海岸的类似发现也证实了这一点。

　　世界上的另一个地方也流传着未解之谜，这个故事提醒我们，海啸的起源并非只有地震。澳大利亚原住民和毛利人的一系列传说讲述了 15 世纪末，发生在太平洋西南某处的一次海啸陨石袭击。这颗彗星也叫马惠卡彗星，以毛利人的火神命名。新西兰南岛的故事提到了彗星坠落，狂风肆虐和来自外太空的神秘大火，然后灾难性的洪水淹没了因弗卡吉尔西部的阿帕里马平原。故事讲到，数百年前，岛民们目睹了由天幕坠落引发的宇宙型大海啸，而大部分海岸线上可确定日期的海啸沉积物，以及带有毛利语"tai"或"wave"（比如"tainui""tairoa""paretai"）的内陆地名，都证实了这一说法。澳大利亚东南部的人也在许多类似的传说中提到，一支从天而降的长矛落入大海，随后引发了一场大洪水，改变了海岸线。地质学家爱德华·布莱恩特在澳大利亚进行了多年的实地考察工作，他说澳大利亚南部的海岸线有明显的海啸痕迹，其中包括当地传说（以先祖尼古伦德里的故事为例）中提到的海浪巨石。尼古伦德里是南澳大利亚一些沿海部落的祖先。故事讲述了尼古伦德里的两位妻子从他身边逃走，尼古伦德里勃然大怒，去追她们，最后在菲尔半岛逮到了她们，当时她们正试图从袋鼠岛涉水到大陆去：

> 为了惩罚她们，尼古伦德里命令海水掀起浪潮，把她们淹死。大海发出可怕的怒吼声，把他的妻子们卷向大陆。她们拼命游泳，抵抗海浪，但还是被淹死了。她们的尸体最终变成了石头，也就是今天杰维斯角海岸外的两块岩石，被称为"pages"或"两姐妹"。

另一则澳大利亚原住民的洪水故事提到，很久以前，祖先泰布罗加根看到海平面突然升起，于是和他的家人逃往内陆避难。据说，在距离海岸约 20 千米的温室山脉的一排山峰，就代表了泰布罗加根家族，他们仍面朝大海，凝视着海上的威胁。

这些故事表明，海啸以及与海啸有关的记忆催生了丰富的神话传说。这些故事也许是人们对原始凶残的本能反应，也许是对亲睹海洋与陆地之战留下的创伤的本能反应。事实上，许多海啸故事强调了海啸的战争性，比如印第安人的雷鸟和虎鲸神话传说。有学者认为，这个神话传说可追溯至约 1700 年，那时，太平洋西北海岸的海底断裂引发了灾难性的地震和海啸。同一年，还发生了卡斯卡迪亚地震，也就是上一章讨论的跨太平洋海啸——"孤儿海啸"的起源。

哈罗德·阿尔弗雷德拍摄的雷鸟和虎鲸图腾柱的细节

雷鸟和鲸鱼的神话故事提到，具有超自然大小和力量的两种生物陷入了一场殊死搏斗。这个神话故事有很多版本，从不列颠、哥伦比亚到北加利福尼亚，卡斯卡迪亚沿岸的太平洋西北地区的人们口口相传着这个神话故事。其中一个版本说，陆地上所有的生物都栖息在一只巨大的虎鲸背上，雷鸟扇动翅膀，虎鲸背上的一个大湖变成了雨水倾盆而下，引发了雷鸣。一心想要复仇的雷鸟（虽然在多数版本里是仁慈的）不时用爪子抓紧虎鲸的背部，虎鲸被抓疼了，于是扭动身体，潜入了海中，把挣扎的雷鸟一并拖到海底。他们激烈地扭打在一起，在造成可怕的地震和海啸。

在华盛顿州奥林匹克岛上流传的一个版本里，表明这两个巨物之间史诗般的打斗与大海啸地震有关：

锭盘，刻有雷鸟和虎鲸图案的浮雕。太平洋西北岸的萨利希人制作

> "雷鸟被杀死以后……下起了暴风雨和冰雹，闪电划破黑暗的夜幕，轰鸣的雷声四起。下面的大地开始摇晃、跳跃、颤抖，然后掀起了巨浪。"

其他海岸神话故事纯粹是象征性地描述了地震和海啸，但雷鸟和虎鲸的故事中有一些细节提到了海啸来袭前的海水撤退，"当虎鲸甩起尾巴拍向水面，海湾干涸了。它就是这样淹死了其他人"。而另一个版本则是对余震进行神话虚幻的解释。这个版本说，虎鲸有个儿子叫萨布斯，雷鸟花了几天时间找到了萨布斯并把他杀死了。雷鸟和萨布斯进行了惊天动地的斗争，最终萨布斯惨败。

这些看似异想天开的神话传说，真的与历史上发生过的地震海啸有关吗？1964 年，阿拉斯加海啸过后，加拿大温哥华岛上 84 岁的部落首领路易斯·努克米斯酋长，在采访中回忆道："我的曾祖父（生于 1800 年）讲过，在他之前的四代人经历过的海啸故事。"路易斯生动地讲述了大约 300 年前，卡斯卡迪亚海啸对他的祖先生活的温哥华岛西海岸村庄的破坏：

> "他们根本没有办法，也没有时间自救。我想地震应该是发生在半夜……一股巨浪冲上海滩。住在帕赤纳海湾上的人迷路了。但是那些住在山坡上的人，由于身处高地，因此没有遭到海啸的袭击，躲过一劫……他们没有和其他人一起被海水冲走。"

这些亲眼所见的记忆一代代流传，对解读与地震海啸有关的神话传说有很大帮助。例如，20 世纪 30 年代，社会历史学家贝佛莉·沃德的祖母苏珊·内德（1842 年生于俄勒冈州）向她讲述了洪水的故事。故事提到，之前发生的一场大洪水，一股巨大的潮汐波袭击了俄勒冈州海岸：

> "海平面升起，巨浪席卷、涌向大地。树木被连根拔起，村庄被摧毁。印第安人说，他们把独木舟绑在树顶，一些独木舟被海水卷走了……海啸过后，树梢上堆满了树枝和垃圾，还在森林里发现了陌生的独木舟。大洪水和潮汐波摧毁了大地，改变了河流走向。没人知道有多少人遇难。"

虽然我们无法确定，故事里的这场海啸究竟是 1700 年的卡斯卡迪亚海啸，还是之前的其他海啸事件，但他们都增强了人们对海啸的记忆，而海啸对太平洋西北海岸的讲故事文化的形成功不可没。

当地知识

直到最近几年，科学家们才开始认真对待这些故事传说。过去，古地震学家们把一些当地的自然传说当作是迷信产物，不屑一顾，但如今他们试图搜集这些故事，从中挖掘其他未记录在册的海啸地震事件的历史线索。爱德华·布莱恩特指出，在真实的过去和虚幻间，很难分辨事实与虚构，但即使是对自然灾害最含糊不清的描述，也能体现出精确的观察。英国地球物理学家西蒙·戴研究了巴布亚新几内亚独立国历史上发生过的海啸。他说，"在当地的很多地方，地震被看作是巫师施咒引起海啸的附加物，海啸和地震之间有关联"。当然，这种解释缺乏科学可信度，但是有目共睹，这些说法是海啸教育的一种，而且十分有效。1930 年，巴布亚新几内亚独立国尼尼戈群岛海啸的目击者描述证实，沿海村庄的村民们知道海水撤退是一个预警信号，而且会在危险的海啸到来前撤到内陆。他们牢记祖先讲述的 1888 年利特岛海啸，在这场毁灭性的海啸到来前，海水突然撤退，还伴有巨大的吼声。地质学家休·戴维斯采访了 1998 年海啸的几位幸存者，幸存者们给休讲了好几个当地的故事，比如西萨诺冒烟蟹洞的故事——巨浪来袭，把一个村庄埋在了沙里。但是，休留意到，这些故事丝毫没提及海啸预警信号，而且这些故事也不广为人知。只有一些大半辈子生活在村子里，而不是在其他地方工作的老人回忆说，他们的父辈曾经讲过关于海啸的故事。

　　戴维斯和戴都认为，太平洋岛附近很多发生过海啸的地区，之所以死亡率较低，是得益于传说故事。但是 1998 年海啸带给我们一个最深刻的教训是，社会和经济的高速变化正在改变许多发展中国家的沿海人口。因此，来之不易的海啸知识正在消失。如今我们面临的挑战是，如何培养海啸易发地区新移民和流动人口的海啸意识及应对措施。我们不妨先从倾听由来已久的当地传说故事开始。

以日本为例，日本各地的学校至今还在讲授滨口五平的故事。滨口五平放火烧米堆，使数百名邻居免遭海啸袭击。这个故事源于 1854 年的安政—南海地震和海啸，由小泉八云传出了日本，上一章提到了小泉八云让"tsunami"一词传入英语。在小泉八云声名赫赫的《佛国的落穗》(1897) 中，讲述了 1854 年 12 月的一个晚上，大阪以南约 70 千米的广川町的滨口五平，从山上的房子向大海望去，他感觉到了一场地震：

> "地震不够强烈，人们也没有害怕。但是一辈子经历过数百次地震的滨口五平却觉得奇怪，这次地震活动很长、很慢，而且像海绵一样。可能只是远处大地震的余震。房子噼里啪啦地晃了好几次，然后一切又恢复了平静。"

但是没过多久，滨口五平看到海水开始变暗、改变了流向，海水似乎在逆风活动。海水正在朝着与陆地相反的方向移动……不久，其余的村民们也留意到海水消失不见了，他们中的很多人跑到了陌生的地方，那里有呈纹路状的沙地和大片杂草丛生的岩石。没人见过这种景象，但是滨口五平开始回忆起在他小时候，他爸爸告诉他的一些事，突然，滨口五平意识到大海要做什么。

滨口五平知道，将预警信息传达到村里，或者安排最近寺庙的僧侣敲响警钟要耗时很久，因此，他决定铤而走险。他点燃火把，走到村庄上方的田地里，一把大火烧了米堆，这些米原本打算运到市场上去卖掉。没过多久，海滩上的邻居们就看到了火焰，他们赶忙冲到内陆，上了山，让他们惊讶的是，滨口五平禁止任何人靠近火焰，直到所有的村民全部集合完毕。滨口五平指向大海，大家才知道他为什么要这样做。人们看到，海面上有一条细长的黑线正在靠岸，在远远的地平线上高耸如悬崖，那条线以比风筝还快的速度迅速靠岸：

　　"'海啸!'，人们尖叫起来。然后，所有的尖叫声、所有的声音、所有能听到声音的力量，都被一阵莫名的震动湮灭，那震动比任何雷声都大。巨大的海浪冲击着海岸，山丘一阵颤抖，海面上泛起像闪电一样的泡沫。突然之间，一切都消失了，只剩下一阵浪花像云一样冲上山坡。人们被吓得惊慌失措，四散而逃。当人们再回过头时，他们看到一股吓人的白色海水怒吼着席卷了他们的房屋。海水咆哮着后退，然后在前进时摧毁了内陆。海水两次、三次、五次地发起攻击又退去，但是每一次的涌动都越来越小。然后海水回到了海里，就像一场台风过后，海水还在怒吼着。"

这场海啸是由日本南海海槽沿岸的一场地震（约8.4级）引起，南海海槽是高度活跃的俯冲地带，历史上曾发生过超级大地震和海啸。沉积物分析表明，海啸的主浪约5—7.5米高，足以淹没像广川町这样低洼的沿海居民点，广川町的村庄和四周的水稻梯田几乎完全被夷为平地。但是由于滨口五平的英勇举动，只有少数村民遇难。而沿岸的其他村庄就没这么幸运了。

海啸过后的几个月里，在滨口五平的指挥下，人们建造了5米高的海堤，以抵御未来的海啸。1946年12月，南海海槽的同一段再次发生了破坏性的海啸地震，这条海堤证明了它的价值。这一次，海啸没有袭击广川町。因此，滨口五平去世多年后，村民们依然敬重他。虽然滨口五平已经与世长辞，但他仍在保护着他的邻居们。如今，人们借滨口五平的米堆火炬故事，向年轻一代传授挽救生命的智慧。

动物神话

过去传统的日本民间传说往往将海啸归咎于一条巨大的鲇鱼，它生性暴躁，喜怒无常，生活在本州岛地下的淤泥里。雷神鹿岛用一块魔石限制了这条鲇鱼的活动，但是鹿岛会时不时地让它放松一下，于是它就在地下扭

一条巨大的鲇鱼，被埋在日本地下的泥里，被雷电之神鹿岛用一块魔石控制着。当鹿岛的法力失效后，它扭动身体，引发了地震和海啸

动身体（就像印第安人的虎鲸故事一样），导致地表发生地震和海啸。1854年和1855年日本地震过后，大批人涌向茨城县的鹿岛神宫，人们相信，这座神宫就建在能制服鲇鱼的那块魔石上。成百上千张印着鲇鱼的图片流传开来，直到今天，大地震过后，人们依旧会分发这些图片，鲇鱼仍然是日本灾难传说中无处不在的特征，甚至还出现在现代地震预警技术中，可见鲇鱼的传说对日本文化影响之深。

鲇鱼的故事反映了一个民间有关神话传说的说法，鲇鱼和鲤鱼古老的触须，可以准确预测地震。在日本，流传着很多关于1923年关东地震和海啸的轶事，在地震发生前的几个小时里，人们看到全城池塘里的鱼在焦躁不安地扭动。有没有可能，在地震来临之前，生活在水底的鲇鱼和鲤鱼，能感觉到地下传输的细微变化？或者说，他们对地震活动高度敏感，是与他们敏锐的味觉（鲇鱼和鲤鱼通常有舌头和鳍）有关，这种敏锐的味觉能让这些鱼探测到次声波引起的沉积物变化？很可惜，十年来，政府资助的研究迄今也未发现任何证据可以支撑这些理论，或者其他和鱼的敏感性有关的理论。事实上，据报道，在 2011 年大地震发生前，没有一条研究用鱼表现出异样行为。2011 年 3 月的大地震约为 9 级，是日本

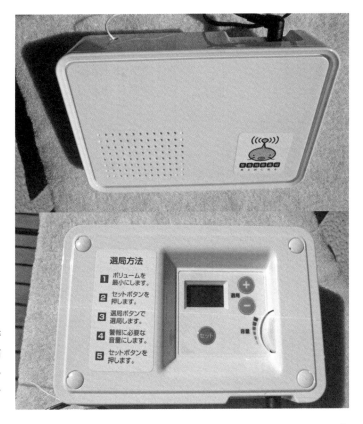

图为一个地震预警收音机，上面带有鲇鱼标志（黄色图标）。其中鲇鱼摇晃的尾巴代表天线和接收器。

有记录以来最大的地震。不论这些鱼的生理秘密是什么，显然，鲇鱼不会被纳入日本的地震预警系统。

人们还一直认为，陆地动物也能预知类似的地震活动。罗马作家克劳狄俄斯·埃利安曾建议所有生活在地震区的人们观察一下动物。他还讲述了公元前 373 年古希腊的希莱克发生的故事，在地震和海啸摧毁这座命途多舛的城市之前，所有的野生生物都悄悄地离开了。2004 年的 12 月 26 日海啸发生前也有类似的报道，在海啸抵岸前，人们看到鸟类和其他陆地动物往内陆移动，而海豚和其他海洋生物则是游向更远的大海深处。报道还提到了各种生物，小到蚂蚁，大到大象。在泰国蔻立，在海啸到来之前，一大早，8 只沙滩大象载着游客出发进入丛林，从而挽救了数条生命。泰国作家图·邦纳根据这一情节创作了一本短篇小说《恋恋不舍的驯象师》。故事提到，在 12 月 26 日的早上，梦幻大象训练营的一头平日里脾气温和的母象，逃到了内陆。据说，附近的蔻立大象徒步旅行中心也发生了类似的事情。据驯象师说，两头大象叫喊，然后挣脱了锁链，它们以前从未做过这种事，两头大象跑到了地势较高的地方，还驮着四名受了惊吓但非常幸运的日本游客。在斯里兰卡南部的雅拉国家公园，据说在海啸到来前，一群大象也突然惊慌失措并向内陆移动，这让它们的饲养员大为惊慌。而在泰国的拉廊府，一整群原本在安静吃草的水牛，突然逃离沙滩，几分钟后，第一波海啸来袭。

就像日本的鲇鱼传说一样，这些报道也大多为奇闻逸事。地震学家和动物学家仍对动物具有地震第六感的说法持怀疑态度。动物会对一系列刺激做出反应，比如饥饿、捕食、领土威胁，因此，我们无从得知某次单独的鸟类异常行为是否与地震干扰有关。事实上，对斯里兰卡沿海的一群佩戴卫星项圈的野生大象的唯一一次调查显示，无论是在海啸发生前或海啸发生时，大象群并无任何异常活动。因此，调查者得出结论，这些野生大象的活动，与鸟类行为或其他可归咎于超感官知觉或第六感的潜在异常行为无关，甚至与对地震和海啸的早期探测反应无关。但事实是，在 2004 年海啸中死亡的野生动物数量少得惊人。其中包括一头雌性河马，死在肯尼亚沿海的一条河流中。它的孩子欧文被带到了蒙巴萨岛郊外的一处自然保护区，欧文被一只叫"Mzee"（斯瓦希里语意为老人）的 130 岁的亚达拉伯象龟收养。据报道，欧文和它现在亲密无间。

现代神话

本章节提到，无论是新产生的神话传说，还是再度流传的神话传说，常常是在灾难之后出现，而讲故事在群体的灾后恢复中发挥了至关重要的作用。在特别严重的灾难中，这些神话传说能以口头记忆的形式延续数百年，回荡在岁月中，时刻提醒人们要居安思危。20 世纪 70 年代，我还是个孩子，生活在牙买加，当时我的父亲是一名海洋生物学家，在当地农业和渔业部做事。1692 年时，这座命途多舛的海港小镇被一场海底地震毁灭了。这次地震完全是灾难性的。在 3 分钟的时间里，皇家港，这个英语国家中最美的城镇，被震得支离破碎，城镇的大部分被海水淹没。中午的大地震过后，地面像翻滚的巨浪一样起伏膨

1692 年 6 月 7 日，牙买加皇家港的海滨小镇被海底地震和海啸摧毁

胀，突然一阵下陷，城镇的大部分沿海区域没入海里，建筑物倒塌、倾覆。随着地面下陷，海湾内产生了一场大海啸，海水激起，冲进废墟。约 2.5 米高的海浪袭击了牙买加西北海岸一带，码头和船舶被摧毁，皇家护卫舰"天鹅"号甚至也被掀翻在内陆的几座房屋上。这次海啸造成2 000 人遇难，皇家港口三分之二的地区下陷、被毁，其中包括海盗——亨利·摩根——的墓地。

如今，皇家港口的大部分仍被淹没在水下，吸引了大批潜水者和寻宝者，当然也催生了丰富的神话传说。我记得，某次学校郊游，我们去参观皇家港口博物馆，在馆内的展览板上看到这样一段话：如果你静静聆听，你能听到从海浪深处传来的钟声，在随着潮水敲响。300多年过去了，这些神话传说仍有震撼人心的力量。

当然，新的神话传说在不断涌现。4 月 1 日愚人节海啸过后，流传着一则关于桑原商店的故事。桑原商店位于希洛市，是仅有的几个在海啸中幸免的海湾建筑之一。故事讲道，在海啸发生的前几天，一位夏威夷老太太出现在商店门口，她请求店主施舍她一些吃的。店主是个心地善良的人，于是让老太太在门口的椅子上坐下，给了她一些吃的、喝的。老太太吃完东西以后，起身准备离开，对店主说："你知道，你是个好人。马上会有大事发生，但是你不会有事。"老太太说对了，桑原商店在海啸中幸存下来，当时拍摄的照片显示，桑原商店周围的建筑都倒塌了，只有它躲过了海浪袭击。

在海啸发生后的几周内，这个故事传遍了整个夏威夷。这不仅是个奇迹般的幸存故事，还衍生出了神秘恩人传说——2011 年 3 月日本大地震后出现的故事。在 2011年 3 月大地震的两周年到来前的几个星期里，宫城县石卷市的人们开始收到匿名邮寄来的金条。石卷市曾受到海啸袭击，是死亡人数最多的定居点之一，两年过去了，大部分残骸仍未完全清理干净。迄今，人们已经收到了价值至少 25 万美元的金条，打算用于重建当地一些受损最严重的基础设施，但是没人知道这些金条是谁寄的。毫无疑问，未来，传闻会把金条的数量从一把夸大至一整个金库那么多，整座城市被一只看不到的米德斯（点物成金）之手触动了。但是灾害传说就是这样诞生的，如凤凰从废墟中涅槃，又在一遍又一遍的复述中繁荣壮大。

4. 文学、绘画、电影中的海啸

今天，我们对海啸的认知来自电影《"海神"号遇险记》。约翰·霍尔和多萝西·拉莫尔在电影里说："海啸来了，海啸来了。"然后他们爬上棕榈树，所有的坏人被海水冲走，最后好人从树上爬下来，全剧终。

网上数小时让人着迷的视频证实，海啸是一种强大的视觉奇观，一旦看过，就永生难忘。确实，2011年3月，骇人的灰黑色潮水冲破了日本宫古市的海堤，这一幕让全世界对大自然的极端不可控性有了全新的认识，而且让人难忘。对艺术家、作家、电影制作者而言，毁灭性的海浪已经被证明是一种经久不衰的主题，充满各种各样的返祖联想，所以我们丝毫不惊讶地发现，从荷马到后世，海上灾难在故事中扮演着重要角色。

文学中的海啸

在荷马史诗《奥德赛》（公元前800—公元前600）第12卷里，英雄奥德修斯从特洛伊出发返回家乡，一路上遭遇了一连串的自然灾害，其中包括汹涌奔腾的墨西拿海峡，这不禁让人联想到间歇发生的火山海啸，以及可怕的退潮：

　　"海峡的一端是海妖斯库拉，另一端是闪闪发光的女妖卡律布狄斯，卡律布狄斯掌握海水的潮起潮落。当卡律布狄斯吐出海水，整个大海就像架在大火上的大锅沸腾起来……但是当她吞下海水，湍流会暴露出里面的海水，周围的岩石发出可怕的呻吟声，露出被黑沙覆盖的海底。我的同伴被这股绿幽幽的恐怖景象吓住了。"

　　奥德修斯的同伴被吓到很正常，因为典型的地中海世界就是由这样的元素力量塑造而成。坐落于一个巨大的地震断裂带上，地中海成了一个地震工厂，向东北延伸至爱琴海下面，穿过土耳其，一直延伸到黑海。就是在这条断层线的最北端，詹森和他的"阿尔戈"号遭遇了可怕的海啸。当时他们正向博斯普鲁斯海峡的狭窄入海口靠近。据阿波罗尼奥斯的《阿尔戈船英雄记》（公元前 3 世纪）记载，当时天气很好，但是当船只靠近叙姆普勒加得斯——传说中的撞岩——时，大海突然开始翻滚，还发出骇人的吼叫声：

　　"海水汹涌而来，峭壁下的洞穴发出咆哮声。巨浪拍打着悬崖峭壁，溅起比峭壁还高的白色泡沫。洪水来袭，'阿尔戈'号打了个转……人们面前突然出现一股巨浪，这巨浪像悬垂的岩石一样呈拱形。他们赶忙低下头，感觉巨浪似乎要倒下，淹没船只。

《詹森和"阿尔戈"号》，亚瑟·迈克尔的彩色平版版画描绘了"阿尔戈"号在博斯普鲁斯海峡入口处的巨浪上行驶

‘阿尔戈’号要往前冲时，被提费斯及时拦下，巨浪
从船的龙骨下滑过。"

"阿尔戈"号差点被第二波逼近的海浪掀翻，幸好女
神雅典娜出手相助，平息了摇晃的岩石，从而使海水平
静下来，"阿尔戈"号得以安全通过海峡。

虽然关于这一情节的讲述经过戏剧化处理，但是故
事的细节却不禁让人联想到地中海东部经常发生的海啸
地震。在地中海东部，碰撞的岩石和汹涌的大海，给航
海的人们带来了麻烦。所以，地中海地区流传着关于海
啸和风暴潮的故事传说，每一次复述都会添油加醋。在
诗歌《变形记》(2—8年)中，奥维德在一节题为《洪
水》的诗中，叙述了一段似乎是海啸的记忆：

"海神自己用他的三叉戟敲打着陆地，

陆地害怕了，战战兢兢给水让出一条路来。

各条河的河水，像决了堤一样，冲过平原旷野。

不要说果园、庄稼、人畜、房屋，

就连庙宇和庙里的神像、神器都给一股脑儿冲走。

就算有的房屋牢牢站稳，抵过了这场大灾难没
有毁掉，

但是上涨着的大浪还是把屋顶盖过，高楼也淹
没在大水里。

现在是海陆不分。

都成了海，而且是没有岸的 *海*。"

虽然带有神话色彩，但是这些具体的细节与我们所知的地震和海啸行为高度一致。抛开神灵和奇迹不谈，其本质是对海洋的细致观察，取自神话和经验丰富的海洋文化的记忆。

相比之下，后古典文学很少涉及地球物理事件。即使是在日本，这个全世界受海啸袭击最严重的国家，也很少有前现代作家或艺术家，对日常生活中频繁的地震活动做出反应。而 12 世纪的文学隐士鸭长明算是少数几位这样做的作家之一。他影响力深远的随笔回忆录《方丈记》(1212)，就罕见地描述了一次中世纪海啸：

"1132 年发生了一场大地震。这次地震相当特殊。山丘坍塌，填埋河流；海水涌起，淹没了大地。大地四分五裂，海水喷涌而出。岩石崩裂，滚下山谷，海上的小船在巨浪中摇摇晃晃，陆地上的马没有落脚之处……恐怖接踵而至，没有什么比地震还吓人。"

据鸭长明说，余震持续了数个星期。对他而言，这次地震是一个有益的提醒，提醒他注意尘世万物的无常性。他建议，与其看重物质环境，不如脱离世俗。生活也许艰难，但转瞬即逝……

鸭长明的余生在山上的一个小屋里度过，他的诗歌和散文对推广日本的隐士文学体裁功不可没。比如之后丹尼尔·笛福的《鲁滨孙漂流记》（1719）就是隐士文学的西方变体。巧合的是，《鲁滨孙漂流记》是最早提及海啸的英国文学作品。鲁滨孙被困在南美洲的小岛上好几个月，他刚刚盖完小屋，海啸就发生了。笛福写道，突然，我发现房顶的土开始崩塌：

> "我清楚地知道这是一场可怕的地震，因为我脚下这片土地，在大约 8 分钟的时间里摇晃了 3 次。3 次的震动足以把地球上最坚固的建筑物掀翻……我还觉察到，大海也因此剧烈运动起来。我相信水下的震感比岛上还要强。"

丹尼尔·笛福 18 世纪早期版的《鲁滨孙漂流记》的卷首画，以袭击岛屿的惊涛骇浪为背景。这是英国文学作品第一次提到海啸

海啸后很快就发生了飓风，鲁滨孙认为飓风也是由地震引起，但是笛福拥有完备的地理知识。智利附近的岛屿海啸频发，其中一次发生在 2010 年 2 月，在强烈的海底地震后，鲁滨孙漂流岛上有 16 人遇难。鲁滨孙漂流到达的岛是胡安·费尔南德斯群岛中最大的岛，距离智利以西约 600 千米。而鲁滨孙的原型是被困在岛上的苏格兰水手亚历山大·塞尔柯克，他很可能经历过一场海啸或者海啸余波。因为 1705 年时，他就在这座叫马斯蒂拉的小岛上。当时，一场海边地震引发了毁灭性的海啸，席卷了马斯蒂拉小岛，冲毁了智利海岸。塞尔柯克和笛福是否见过面还有待商榷，有传言称，两人是在布里斯托尔的一家酒馆里经人介绍认识的。但可以肯定的是，塞尔柯克把自己的故事告诉了伦敦其他作家，其中包括记者里查德·斯蒂尔，早在塞尔柯克被写进小说之前，这名记者就让塞尔柯克出名了。

前几章提到，里斯本地震给欧洲留下了严重创伤，欧洲人长期以来一直认为这里不会发生地震。正如哲学家苏珊·奈曼所言，"18 世纪使用'里斯本'一词，就像我们今天使用'奥斯威辛'一样……仅仅一个地名就表明，世界上最基本的信任已经崩溃瓦解，而这种信任是文明赖以存在的基础"。这种深深的不安在法国讽刺作家伏尔泰的作品中体现得淋漓尽致，伏尔泰被人们在灾难后表现出来的自满情绪激怒。在地震发生后短短几周内，伏尔泰发表了一篇长达 240 行、风格凄凉的《里斯本地震》（1755），他把乐观主义者和道德家齐聚一堂，共同思考这个世界的毁灭。伏尔泰的著作《老实人》（1759）是一部哲理讽刺小说，接续《里斯本地震》。

像笛福一样，伏尔泰笔下的主人公也经历了一连串的风暴、海难、地震和海啸，但这些都没有动摇主人公的信念——世人生活的世界是所有可能存在的世界中最好的一个。小说中最凄凉的一幕发生在里斯本灾难当天，当主人公和他的旅伴，一向乐观的潘格罗斯博士冒险上岸：

> "他们刚到镇上，就感觉到脚下的大地在晃动。海港里的海水汹涌而起，撞毁了停靠在岸边的船只。街道和广场被火焰和灰烬覆盖。房屋轰然倒塌。房顶倒在地基上，地基被震碎了……潘格罗斯博士说：'能解释这种现象的充分理由是什么？'"

伏尔泰笔下的黑暗景象不仅让和他同时代的人感到不安，而且还让许多后来到里斯本的游客感到焦虑。里斯本重建后，不安和恐惧仍然萦绕了很久。19 世纪 50 年代中期，查尔斯·狄更斯访问里斯本，此时距离地震已经过去了 100 年，但狄更斯仍然被反复出现的毁灭幻想折磨：

　　"我幻想自己回到了 11 月份的那个早上，我站在一个安全的屋顶上俯瞰安静的城市。突然，我四周的房屋开始像波涛汹涌的海水一样摇晃、颤抖。通过余光，我看到脚下和远处的建筑裂开；地板随着震动而塌陷。我被呻吟声和唤喊声围绕，我听到海水拍打码头，海水冲上岸吞没了在地震中幸存下来的一切……"

　　虽然过去了 100 年，但是这次海啸丝毫没有失去它的叙事魅力，催生了一大批小说。从曼努埃尔·皮涅罗·查加斯的《里斯本地震》（1874）到爱德华·拜纳尔的《阿格尼斯·苏里亚》（1888），地震和海啸为许多历史传奇故事提供了戏剧性的背景。亚瑟·奎勒·库奇爵士的《一无是处的女士》（1910）是一部典型的作品，讲述了一个精心设计的爱情故事，故事的高潮发生在里斯本灾难当天。奎勒·库奇对海啸的描述显然是基于目击者的叙述，这也是这本令人难忘的小说的亮点：

　　"她凝视着。她不明白发生了什么，她只看到一次比一次可怕的冲击正在或即将发生。第一次冲击，河床被抬高，停泊的船只孤零零地被留在干涸的河床上。有的船几乎完全倾斜只剩船梁末端探出河床。当水底再次下沉，船只慢慢地归位，但为时已晚。一股巨浪涌来，船被抛到对岸，又从对岸被甩回来，就像一股倒流的浪花，从这高高的山坡上，可以看出它是一种可怕的东西。它落在他们的甲板上，人们被淹死、闷死了。浓烟滚滚，只能看到船的桅杆，有的还坚挺着，有的摇摇欲坠、折断了……海浪的波峰拱起，发出低沉的声音，巨浪径直向港湾码头涌来。"

就在海浪即将登陆时，一团迷雾挡住了视线（亚瑟爵士可能已经不想具体描述了），它发出可怕的声音，淹没了成千上万人最后的哭喊：

"在它消失之前，地震和海啸一起把里斯本港口的码头翻了个底朝天，把它吞没了。人们在坍塌的街道上挤成一团，躲避死亡，塔霍河上一具尸体也看不到。"

喀拉喀托火山爆发后也催生了类似的小说，在书中，海啸与爆发的火山争相上演毁灭性的奇观。罗伯特·迈克尔·巴兰坦的《四分五裂："拉卡塔"号上的孤独男人》（1889）将一个遥远的探险和复仇故事，与对喀拉喀托火山最后一幕的详细、真实的叙述交织在一起。小说的主要场景是，主人公奈杰尔·罗伊坐在双桅帆船上，面对着海浪，船被笼罩在火山喷发的阴影下，蜿蜒穿过巽他海峡：

"每一次火山喷发都会激起一阵巨大的海浪，海浪就像一个水环，以喀拉喀托火山为中心，席卷四周的海岸……在那里，滔天的巨浪似乎是从黑暗中以可怕的速度冲了过来，还发出嘶嘶的吼声，海浪就像一堵巨大的水墙，上面还挂着白色的泡沫。据最可靠的估计，这堵水墙至少有 30 米高。"

火山突然喷出的熔岩揭示了一个可怕的事实，这艘船已经不在海床上了，而是在海浪的推动下，正在直接穿过，或者更确切地说，已经越过了被摧毁的安杰尔镇，随着汹涌的海浪驶向内陆。这一段描写是对"贝鲁"号旅程的虚构再现，而"贝鲁"号的命运更衬托出大海的力量和凶猛。

灾难小说总是包括一些技术性的描述，通常掺杂在情节之中，提醒读者本小说是基于事实。而《四分五裂："拉卡塔"号上的孤独男人》以不同寻常的详细描述为特色，主要取材于英国皇家学会广泛报道的《喀拉喀托火山爆发及后续现象》（1888），其中一些科学界人士的说法被编入叙述：

"费尔贝克先生在他关于喀拉喀托火山爆发的论文里推测，喀拉喀托火山化成了最细小的粉尘，进入大气层较高的区域，约 50 千米远！在巽他海峡附近造成如此大规模破坏的巨浪，不止发动了一次袭击，而是绕着全球发动了至少六次袭击。全球各地，包括我们自己国家在内的检潮仪和气压计的同步独立数据也证实了这一点。"

类似的还有H.E.拉伯的《喀拉喀托：诸神之手》（1930），其素材源于一本航海指南，故事情节令人难以置信，甚至是有点不连贯。因此，整个故事夹杂着奇怪的可靠性和夸大性：

"浪峰眼看就要倒下。只要一眨眼的工夫，我就会被碾碎，撞到山坡上，然后被退潮遗弃在那里……但是我既没有下沉，也没有掉下去。我感觉我在向下滑动，就像坐上了雪橇，沿着平原斜坡下降。下方的巨浪冲走了所有的地面阻力，快速前进，速度快得波峰都要跟不上了，卷曲的浪峰被拉回到平坦的斜坡上……那些在海边见过海浪的人，经常可以看到更高的海浪拉下自己的白浪，压垮前面较小的海浪，然后滚滚的巨浪会横扫海滩。就是这条海浪运动定律救了我一命。但是岸上的人从来没有见过这样的海浪。"

随着地震学在20世纪的发展，其在小说中扮演的角色也在发生改变。保罗·葛里克的《"海神"号遇险记》

（1969）迄今仍是享誉全球的海啸小说。在书中，作者借用海底地质学的最新发现来解释在 12 月 26 日早上，亚速尔群岛西南约 640 千米处的不明巨浪，如何成功地将这艘传奇游轮掀翻，当时它正驶离里斯本港口。书中某处提到，船长接到附近地震台广播发来的短讯，通知他将发生轻微的、持续时间不长的海底地震，这场地震可能会激起海浪，对南部船只造成影响。这位船长也成了文学作品中首个收到海啸自动预警的文学人物。让人印象更深刻的是，在这本小说面世约一年前，海洋学家们才证实了大西洋中脊的存在。这本小说（继 1972 年电影版后）成了当时的最佳灾难小说：

"（当船驶过时）刚好在九点零八分时，大西洋中脊出现巨大断层。这个断层其实已经被之前的地震削弱了，现在在毫无预警的情况下剧烈地抖动，并且下滑了 30 米左右，数十亿吨的海水也被一并吸下去……岩石滑落产生了一股巨大的、向上卷曲的地震波，'海神'号与这股地震波相遇，船舷超过船体的四分之三，离转弯处更远了。船顶很重，船身倾斜，找不到可以转弯的地方，甚至也无法在原地停留片刻，整艘船就像北大西洋暴风雨中的一艘 800 吨拖网渔船一样，迅速又轻而易举地被彻底掀翻了。"

《"海神"号遇险记》的独特之处在于技术和戏剧元

素的完美融合，以及一个不落俗套的情节架构，小说颠覆了让主角与时间赛跑的传统灾难小说架构。在克劳福德·克里安的电影《海啸》（1999）中，美国受到来自南极洲海啸的威胁；迈克尔·克莱顿的《恐惧之邦》（2004）里，环境恐怖分子策划了一场人造海啸；戈登·冈珀茨的《海啸》（2008）讲述了海底火山爆发引发了波及整个太平洋的海啸；J.G. 桑塞姆的《浪潮》（2010），讲述了恐怖分子策划的一场未成功的跨大西洋的海啸故事。

这些科学海啸惊悚片中最有趣的可能是博伊德·莫里森的《巨浪滔天》（2010）。电影讲述了一颗小行星撞击了太平洋中部地区，由此引发了一场直袭夏威夷的大海啸。电影的主人公凯·唐纳卡是太平洋海啸预警中心新上任的主任，他能够实时监测海浪的逼近。他的话读起来就像一本教科书，其中包含了许多技术性信息：

> "我们知道地震规模有多大，也知道太平洋海域的水有多深"，凯说道："我们有一套公式，可以根据小行星的大小来大致推算地震的震级。我们将根据地震震级反向推导出公式。据此，我们可以预计出距离撞击区不同距离的海啸的规模。"

绘画中的海啸

夏威夷艺术家赫伯·凯恩的一幅画作，深受太平洋岛冲浪爱好者们的喜爱，这幅画展现了传奇人物威瑞·霍罗亚的英雄事迹。据说，霍罗亚在 1868 年夏威夷大岛海啸中，凭一块门板冲浪到安全地带而幸免于难。故事说，4 月 2 日下午，霍罗亚和他的妻子正在家里，他们感觉到一阵异常强烈的地震。他们立刻跑到了室外的高地，过了一会霍罗亚决定折回家拿些钱：

> "霍罗亚刚一进家门，海水就涌上了岸，包围了整个房子。海水把房子冲到内陆几米远的地方。随着海浪退去，房子又被海水卷到了海里，霍罗亚还在房子里。作为当地最擅长游泳的人之一，霍罗亚很强壮，他拧下了一块木板，用它作冲浪板，勇敢地向岸边冲去，霍罗亚随着回潮安全地上了岸。"

1868 年 4 月 29 日的《夏威夷人民公报》报道过霍罗亚的故事，而且从此成为太平洋冲浪圈的一个传奇。但据说当时的海啸有 18 米高并且夹杂大量翻腾的碎石，所以这个故事的可信度似乎不高。嘴咬钱包，双手控制着冲浪板冲向岸边，威瑞·霍罗亚仍然是冲浪运动史上的一个引人注目的人物，不过他的事迹固化了一种鲁莽的观点，一句广为流传的格言就是很好的证明，"一旦发生地震，带上你的冲浪板吧"。

并且，目击者的证词证实了，太平洋海啸的海水实际上并不干净，也不可以冲浪，太平洋的海啸其实危险又充满碎石，还会袭击内陆。据 1946 年 4 月 1 日海啸的幸存者益男吉纳的回忆：

> "即将到来的海啸像一面巨大的水墙。这面墙根本不像冲浪杂志上看到的那样美丽，而是一面灰黑色的水墙。我们就站在那里，眼睁睁看着它越来越大、越来越近……然后大家四散而逃。"

然而令人担忧的是，海啸是一种蓝色碎浪的说法至今还在流传，而葛饰北斋创作的《神奈川冲浪》(约 1830)，更是在一定程度上加深了这一说法。这幅作品是世界上复制次数最多的作品之一，无处不在。

葛饰北斋创作的这幅雕版印刷画是日本艺术最著名的标志之一。画中展示了日本南部关东地区海域，一场巨大的风暴浪即将吞没海上的三艘渔船。在远处，透过海浪可以看到日本的地标富士山，就像是《日本沉没》中的一幕。在过去的许多年里，这幅画吸引了无数学者，有些学者关注海浪本身的物理特性，显然画上描绘的不是海啸，但人们常常把海浪描述成海啸。夏威夷地质学家多克·科克斯发表了一篇慷慨激昂的文章，他对"错误地将巨浪认定为海啸，并不恰当地将其用作海啸的象征"表示遗憾。他表示，葛饰北斋混淆了风暴波，让人们对真正的海啸留下了虚假和潜在危险的印象。尤其让科克斯感到失望的是，国际海啸信息中心等组织广泛使用了这张图片。国际海啸信息中心在其《海啸简讯》中使用了《神奈川冲浪》的剪影，同样的还有夏威夷希洛市的太平洋海啸博物馆。美国地质调查局也在其海啸地震网站上使用了这张图片，而全世界的海岸警卫队机构则是使用了简化版，作为海啸危险区的标牌标志。难怪人们把海啸一直与葛饰北斋的画联系在一起。

　　《神奈川冲浪》的影响远不止此。19世纪复制次数最多的一张海啸图片，是英国皇家邮船"拉普拉塔"号的新闻配图，当时这艘船正在东加勒比海行驶，一场大海啸迎面而来。然而，远处冒着烟的火山不禁让人联想起葛饰北斋画里的富士山。此外，整幅画的构图主题是

葛饰北斋,《神奈川冲浪》,选自《富士山三十六景》系列 (约 **1830**)

邮船和两个短桨抵挡海浪，这与葛饰北斋画中的三艘处于危险中的渔船相呼应。创作这幅画的初衷，是为了配合在全世界多份报纸和杂志上刊登的一份惹眼的目击者证词。目击者是一叫威廉·迈尔斯·马斯克尔的新西兰年轻人，他曾乘坐"拉普拉塔"号。1867 年 11 月 18 日宁静的下午，"拉普拉塔"号在圣托马斯海港西南约 4 千米处装船。圣托马斯海港是位于丹麦维京群岛的一个繁忙的港口。到了下午 2 点 20 分左右，船遭到一连串强海底地震波的袭击，震中显然就在附近。马斯克尔回忆道，"15 分钟后，猛烈的地震波就像一堵巨大的墙，朝我们袭来"。在可怕的水山袭来之前，甲板上的人们只有不到 5 分钟的准备时间：

　　"汹涌的海浪朝船只冲了过来，简直像一堵墙，以每小时 80 千米的速度向我们翻滚，垂直高度足足有 12 米（后来在一个航标上实测了一下）……我们比较幸运，因为在距离我们大约 800 米外，是地势比较低的水岛。海浪全速冲向水岛，而水岛就像一把楔子一样迎着海浪。人们看到，当海啸抵达水岛时，就破裂而且沉了下去，所以当海啸撞击到船的时候，海浪的高度可能还不到船尾的 3 米高。我们整个上午都躺在海边，潮水像一股激流似的从岸边退去，使船转了个弯，把我们带到了船尾。第一波急流涌来，整艘船转了个更大的弯，海啸主要袭击了船的右后方。三股海浪同时涌来，发出犹如 100 个尼亚加拉大瀑布般的轰鸣。出乎所有人的意料，'拉普拉塔'号像一只鸭子一样躲过，得救了！"

1867 年 11 月 18 日，英国皇家邮船"拉普拉塔"号在维京群岛的圣托马斯海港抛锚

　　海啸冲入了圣托马斯海港，数十艘船只被毁，许多
人被卷到了海里。其他岛屿，特别是东部的圣约翰岛
和南部的圣克罗伊岛也受到了严重袭击。此次维京群岛
海啸共造成 23 人遇难。虽然这场灾难规模不大，却给
世界带来了图腾般的形象。一艘孤零零的船只被巨浪
冲上水面，这一形象在许多场景中出现过，包括《"海

电影《完美风暴》海
报，导演沃尔夫冈·彼
得森。由此足此可见
"拉普拉塔"号的长
久影响

大卫·哈代笔下的海啸，出自《内部之火：地球和其他行星上的火山》（1991），以葛饰北斋笔下的富士山为借鉴

琳内·库克的这幅作品描绘了1883年喀拉喀托火山爆发后，海啸席卷了安杰尔港。这艘注定要沉没的渔船似乎与葛饰北斋的巨浪和后来的"拉普拉塔"号画作相呼应

神"号遇险记》(1972)和《完美风暴》(2000)等电影特效中。

如今,仍有许多基于这些19世纪作品的改编。其中最形象的当属英国空间艺术家大卫·哈代的作品,尽管大卫用被海水淹没的寺庙和树木替代了渔船,但该作品仍与葛饰北斋的远眺富士山景象相呼应。琳内·库克对喀拉喀托火山的非写实渲染中,一艘注定要沉没的渔船被海浪抬高,这显然是与"拉普拉塔"号画作相呼应。

然而,葛饰北斋笔下的海浪对于江户时代的日本来说,是一个非典型的艺术主题。江户时代的艺术以感性的浮世绘文化为特征,即有意识地舍弃对尘世事物的描绘。因此,在日本著名的浮世绘版画中,很少有关于地震和海啸的描绘。日本江户时代的文学还大量使用艺妓、茶社等元素,但是却很少提及日本不稳定的地质环境。歌川广重的《富士山景观》是少数几幅提及海啸、地震的艺术作品,画中描绘了一个小火山口(称为宝永山)。这个火山口是1707年12月富士山最后一次爆发时形成的。而少数江户时代的海啸海浪画像则是作为书籍插图出现,描述了1854年12月的安政—南海地震和海啸。

一幅有关鲇鱼的传统浮世绘版画,出现于江户川时代末期。画中描绘了一只叫"Namazu"的巨大海底鲇鱼,就是我们在上一章提到的那只鲇鱼,它被认为是地震和海啸的罪魁祸首。自 17 世纪开始，鲇鱼的画像和诗歌开始流传。1678 年，日本诗人松尾芭蕉发表了一篇连体诗，诗的开篇就问道，地震是不是由地狱里的龙扭动身体引起的，答案是"不，地震是一条巨大的鲇鱼在移动"。

但是，直到 1855 年 11 月 11 日安政—江户地震发生后，鲇鱼画才开始大范围流传，此时正值民众普遍对政府不满，因此这一现象也被看作是广泛抗议的一部分。历史学家格雷戈里·施密茨写道，自然灾害通常是文化的催生剂，安政地震还动摇了江户时代的社会和政治根

1855 年安政—江户大地震后，巨大的鲇鱼被愤怒的农民袭击。图为 1855 年的一幅木版画

《够了，鲇鱼》描绘了斯拉夫恶魔露莎卡用她的辫子束缚着"Namazu"。鲇鱼的原子眼暗指福岛核泄漏。该图是为 2011 年灾难的受难者筹款而作

基，而鲇鱼画则是普通民众对这一事件的反应。诞生于 1855 年的许多鲇鱼画中，民众接管鹿岛神的职能，攻击鲇鱼，这其实象征着人们反抗专制独裁。这一视觉传统延续至今，在福岛核电站核泄漏灾难发生后，鲇鱼画再次传遍了焦虑不安的日本。

《房子、人和牛都被冲走了》，这幅画是山本寿国于 1896 年创作的，描绘了日本明治三陆海啸

图为一幅 19 世纪的日本版画，描绘的是 1896 年 6 月 15 日日本明治三陆地震

直到 1896 年明治三陆海啸后，日本的海啸画才开始大量面世。但是，只要瞥一眼原始表现主义的画作，比如山本寿国的《房子、人和牛被冲走了》(1896)，就能够发现，浮世绘时代已经彻底结束了，日本不再漂浮，而是在下沉。

在欧洲，地震和潮汐波早已成了流行文化的主题。许多幸存下来的早期放映的幻灯片描绘了狂风暴雨和山涛，其中最美丽的是一幅 18 世纪晚期的版画，展示了 1783 年 2 月，卡拉布里亚阶发生的地震和海啸，船只在墨西拿海峡中翻滚颠簸。

里斯本和卡拉布里亚阶地震发生时，恰逢一系列视觉创新技术诞生之际，比如全景图、环视图还有早期动画电影。这些新技术是现代电影的前身，自此地震戏剧成了一个经久不衰的主题。其中，1848 年在一个构造特别的圆形剧场里上演的《里斯本旋风》，通过一系列场景的转换，伴以现场演奏的琴乐，其中不可避免地包括海顿的《地震》，展现了里斯本这座城市的毁灭。《旁观者报》上的一份热情洋溢的影评，对这场新奇而美丽的演出做了详细描述。显然这位未署名的作者把对海啸的描述误认为是海上风暴：

> "当海水涌入里斯本大广场，整个画面暗了下来。耳边传来轰隆隆的咆哮声，接着是钟鸣声和建筑物倒塌的撞击声，用机械手段表达一场地震的恐

《流行文化中的海啸》：这张于 1924 年印在威尔斯香烟盒上的图片，展现了海啸冲击热带海岸线的场景
标题写着"地震摧毁了西西里岛的墨西拿海峡之后，南美海岸又被海啸摧毁！"这一说法似乎将 1906 年和 1908 年的海啸弄错了

图为《镜花水月》(手工彩色铜版画,早期放映的幻灯片),展示了1783年卡拉布里亚阶地震和海啸造成的船只在墨西拿海峡颠簸

怖可谓是个绝佳的创意。然后,画面转到了海上,大海猛烈翻滚,船只被海水抛向四面八方。这一切是一场海上风暴的典型缩影。"

然而,这种声音和视觉奇观仅仅是一个开始,到了20世纪,灾难片开始登上大众娱乐的中心舞台。

《里斯本旋风》中的海啸场景，于 **1848** 年在伦敦斗兽场的一个构造特别的圆形剧院上演

电影中的海啸

19世纪末期电影诞生，对自然灾害的表现更为壮观。美国雷华电影公司出品的末世科幻片《大洪水》（1933年，菲利克斯·菲斯特执导），是首部大制作的海啸主题电影。影片使用了大量科幻特效来刻画遭遇地震和海啸袭击的纽约，给人留下深刻印象。电影中备受赞誉的一连串海啸镜头，由电影摄影师威廉姆斯拍摄，在后来的许多电影中被多次使用，包括约翰·H.奥尔执导的《S.O.S.海啸》（1941）、约翰·英格利希执导的《狄克崔西对阵幻影人》（1941），以及弗雷德·C.布兰农执导的系列电影《飞天火箭人》的最后一部。《飞天火箭人》由美国共和影业公司出品，最后一部讲的是邪恶的伏尔甘

费利克斯·费斯特执导的《大洪水》(1933)电影海报。这是第一部大制作的海啸电影，讲述了一个巨浪毁灭了纽约市的故事

博士，用偷来的钍波过滤器制造了一场美国历史上最严
重的地震和海啸。虽然电影中虚构的灾难成了战后科幻
小说的主题，但大多数灾难片的主旋律仍是人与自然之
间的斗争。

　　伯纳德·科瓦尔斯基执导的电影为 20 世纪 70 年代
悲观电影的黄金时代奠定了基调。该片采用 70 毫米的超
级大屏幕拍摄而成，用《泰晤士报》影评人的话来说，火
山爆发和伴随而来的海啸就像约翰·马丁笔下的画作般栩
栩如生。电影获得了奥斯卡最佳特效提名奖，为此后的电
影特效画面提高了标准。但由于大众对错误影片名字的嘲
笑，电影不得不改名为《火山情焰》。

　　保罗·葛里克的小说为电影《"海神"号遇险记》
（1972，罗纳德·尼姆执导）提供了素材，该片堪称 20

世纪最经典的灾难片。影片由金·哈克曼主演，在电影中，海啸发生的短短几分钟内，巨浪就杀死了 1 000 多人，只有少数人存活并奋力逃往安全地带。影评人史蒂芬·基恩称，电影剧本在很大程度上依赖于小说。

过去，影片的大部分内容是探索关于牺牲和生存的复杂伦理道德，从《火烧摩天楼》(1974) 到《海啸奇迹》(2012) 等灾难片都是这一主题，而彼得·威尔执导的《最后的大浪》(1977) 则是试图将伦理道德从个人层面拓展至生态层面。

自第一部《哥斯拉》电影于 1954 年上映以来，日本就一直是灾难片的高产国和消费国。小松左京的小说《日本沉没》，曾多次被改编成电影和电视剧。首部改编影片《日本沉没》(1973) 是由森谷司郎执导的一部长

罗纳德·尼姆执导的电影《"海神"号遇险记》海报 (1972)

电影《最后的大浪》海
报，海报设计受到了葛
饰北斋的影响

电影《海啸奇迹》，影片
改编自 2004 年 12 月在
泰国度假的一个家庭的
真实故事

达 4 个小时的史诗片，在日本国内轰动一时。电影忠实于小说凄凉的基调（不同于今天的很多翻拍作品），电影的最后一幕是俯瞰大海的航拍镜头——日本消失了。苏珊·乔利夫·纳皮尔指出，那些已经消失的日本城市的名字浮现在茫茫的大海上，日本留下的只有历史。该片在日本国内大受欢迎，与剪辑过的英文版《海啸》（1974年，安德鲁·迈耶执导）的口碑呈两极分化，后者直接在欧洲和美国制成了录像带，之后再也没有听说过。

30 年后，小松左京的小说再次被改编成电影《日本沉没》（2006，通口真嗣执导），同时，还促使很多漫画和电视动画畅销。事实上，"沉没"这一比喻已经深深植根于日本的流行文化中。

今天，关于日本和印度洋海啸的新闻镜头相当常见，

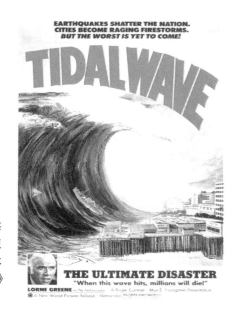

电影《海啸》的宣传海报（1974，安德鲁·迈耶执导），翻拍自日本灾难片《日本沉没》（1973）

因此很难想象在 21 世纪前，海啸的动态图像是多么少。
咪咪·莱德执导的灾难电影《天地大冲撞》(1998) 的计
算机绘图师们接到任务，要模拟宇宙大爆炸引发的大海
啸画面，但是他们找不到可以剪辑的素材，其中一名设
计师在接受杂志采访时表示，"我想任何曾试图拍摄海啸
的人都可能已经不在了"。电影中大部分著名的海浪镜头
是用冲浪图片、物理教科书和视觉试验中的素材结合而
成。但是，出来的成品却让人印象深刻，《天地大冲撞》
迄今仍是好莱坞灾难片的经典，电影不仅具有壮观的画
面，而且具有科学可信性。

　　当《天地大冲撞》和罗兰·艾默里奇执导的《后天》
(2004) 等高票房电影开始探索围绕全球灾难出现的焦虑
情绪，12 月 26 日海啸恰好提供了一个令人震惊的真实
例子，一个明显的地球瞬间崩溃的象征。12 月 26 日海啸

**图出自电影《天地大
冲撞》(1998)**

发生后泰米尔语的科幻史诗电影背景时间设定从 12 世纪
到 21 世纪，一直到 2004 年 12 月 26 日海啸发生的早上。
影片融合了古老的神话故事和科幻情节，打破了全亚洲
的票房纪录，观影人数超过 2 000 万人。两年后，克林
特·伊斯特伍德执导的一部野心勃勃的、多层次灾难电
影《从今以后》(2010)在日本上映，此时日本"3·11"
海啸刚刚发生。电影以极具逼真的海啸开场，电影特效
荣获奥斯卡相关奖项，但考虑到还未走出海啸创伤的日
本观众，日本全国的影院都将电影撤档了。这一举动是
对遇难者的尊重，正如苏珊·桑塔格在她颇具影响力的
文章《灾难的想象》(1965)中所言，灾难电影基于一
种特殊的现代焦虑，一种对"随时可能发生的、几乎毫
无征兆的集体焚毁和灭绝"的恐惧。一旦电影变为现
实，就像 2004 年 12 月 26 日海啸和 2011 年 3 月 11 日
的日本地震，公众立刻就会无法接受现实。就像铃木在
"3·11"海啸后提出的疑问："现在是画漫画的时候吗？"
公众需要一定的时间，来让一件事成为过去。

　　然而总有一些例外。露西·沃克的纪录片《海啸和
樱花》(2011)获得了奥斯卡相关奖项。在纪录片里，她
采访了数位日本海啸的幸存者，当时恰逢樱花盛开的季
节，也就是海啸发生一个月后。当纪录片里的受采访者
讲述他们的故事时，凋落的樱花从成堆的遇难者尸体上
空飘过。一位幸存者表示："大自然拥有一股可怕的、毁
灭性的力量，但是它也有一股积极的、创造性的力量。

大自然中美与恐怖总是并存，只是我们忘记了恐怖。"他说得对，人类的克星不是大自然，而是健忘。日本海啸中的许多遇难者曾寄希望于海堤和预警警报，海啸来临时，他们只需坐等海啸能被海堤击退，"可能就像之前那场只有几米高的海啸一样，海堤肯定会保护我们的"。这种有意的健忘几乎是人类共有的特性，下一章也就是本书的最后一章将谈到，为了免受未来灾难，第一步要做的就是学会牢记过去的教训。

当然，这说起来容易，做起来难。

5. 与海啸共存：预警系统和海防

"只需提前一个小时的预警和简单的预先通知，大多数人就可以步行撤离到内陆约 1.6 千米的安全地带，死亡人数就将从数万人降至数百人，而且预警和预先通知不需要多么先进的技术。"

1854 年 12 月 23 日，位于加利福尼亚海岸的一组自动检潮仪搜集的数据显示，有异样振动发生，但是当地未发生暴风雨，也未观测到潮汐异常现象，所以水文工作者们对此非常困惑。这些异样的振动不可能来自他们的新设备，这些新设备采用最先进、最可靠的技术，由一串附着在缓慢旋转的纸筒上的浮标组成，纸筒上记录着连续的潮汐测量数据。因此，异样振动肯定是来自海里。

美国地质调查局用了好几个月的时间，才推断出这些振动实际上是一场远距离海啸的信号，这场海啸由日本东南部的安政—南海地震引起。日本海岸的一段遭到严重的海啸袭击，据报道，这场海啸向东穿过了太平洋。当海啸抵达加利福尼亚的时候，威力已经大大削弱，但是在检潮仪上，海浪的高度仍然呈现出 15 厘米的锯齿状走势。然而，这些看似不起眼的数据却成了历史的一部分，因为这是第一次用仪器发现海啸，也是第一次通过二次海啸感知到远距离的地震。海洋学家没有忽视此次发现的潜在意义，在接下来一个世纪里，这些早期的蛛丝马迹催生了世界上第一个自动海啸预警系统。

预警系统

19世纪末期人们开始广泛使用自动记录地震仪，同时流传着关于现代预警系统的构思，但是直到1933年3月，现代预警系统才首次运用到实践中去。然而，这项新技术的实现并不是一帆风顺的。

1923年2月的一天，位于基拉韦厄火山的夏威夷火山观测台的台长托马斯·A. 贾格尔于早晨8点到岗，他注意到地震仪的数据记录上有一连串峰值。这些峰值证明，大约在3个小时前，北部某处发生了一场强地震。根据地震的规模和位置，以及他对海洋活动规律的了解，贾格尔认为地震很可能引发了一场横跨太平洋的海啸，于是他通过电话联系了希洛市的码头管理人员，提醒他们那里将发生一场大海啸。但是出乎贾格尔意料的是，他的提醒被无视了。刚刚过了正午，也就是地震发生7个小时后，海啸开始袭击夏威夷，人们没有对即将到来的海啸采取任何预防措施。最高的海浪约6米高，摧毁了希洛市大部分的金枪鱼渔船，造成一名渔民遇难，几十处建筑损毁。

贾格尔和他的同事感到非常沮丧，因为他们早就知道，即使地震不可预测，但是远距离的海啸是可以预测的。考虑到海啸穿越太平洋所需的时间（小时），与移动速度更快的地震冲击波穿越同样距离所需的时间（分钟）大致相等，通常会有一个 60 倍的预警窗口期。贾格尔的一位同事在 1924 年发表的一篇文章中指出，"通过使用'分钟/小时'规则，应该可以预测太平洋各地海啸波的到达时间"。尽管大多数地震仪每天只检查一次，他建议给这些设备安装某种警铃，以预警更大的地震。自此，自动海啸预警的构思被提出，并在 10 年后付诸实践。1933 年 3 月，日本东北海岸发生了一场 8.6 级的大地震，引发了 23 米高的海啸，袭击了三陆海岸，造成 3 000 多人遇难，8 000 多艘船只被毁。这场海啸摧毁了一个村，促使人们树立了海啸石："记住大海啸带来的灾难。不要在此处以下盖房"。这场海啸还促使人们建立了巨大的混

日本岩手县太郎村的 10 米高的"长城"，这些海堤建于 1933 年海啸后，但在 2011 年 3 月的海啸中被摧毁

凝土海堤，如今这些海堤覆盖了日本 40% 的海岸。

　　1933 年地震发生当天，早上 7 点 10 分（夏威夷时间），贾格尔观测台的地震仪记录到了地震，数据分析显示，震中位于距日本东北部约 6 350 千米的海底。正如 10 年前所做的那样，观测台通知夏威夷港口工作人员当天晚些时候，当地很可能发生海啸。这一次，他们的提醒没有被无视。渔船被移到了希洛海湾内，而在夏威夷岛的另一边，与遥远的日本正对着的方向，装卸工人们开始在码头卸货。到了下午 3 点 20 分，此时距离地震发生已经过去了 8 个小时，海水开始退潮，然后第一波海浪涌上岸，沿岸洪水泛滥。15 分钟后，海啸抵达了希洛市，由于希洛海湾离日本比较远，因此海浪要低得多，威力也小得多，几乎没有造成什么损失。

　　但是一个很重要的事实是，多亏了夏威夷的火山观测台，海啸预警起作用了，所以这一次夏威夷岛上没有人因为海啸遇难或者受伤。海啸预警的时代已经到来。但是，仅仅依靠地震观测数据，很快就导致每次地震仪记录到大地震，预警系统都会发出警告。1933 年成功预警海啸后的几年里，基于太平洋周边各个地方的远距离地震数据，希洛港口进行了数次撤离，但这些地震都没有引发海啸。事实上，在 1946 年 4 月 1 日海啸发生前，夏威夷已经十多年没有发生过可察觉的海啸了。至此，由于高频率的虚假预警，人们放弃了海啸预警和费时费力的疏散行动，而连年战争对生命的威胁，远比远距离地震引发的海啸还要大。比如备受批评的美国海岸和大地测量局局长在 1946 年灾难后指出，地震引发海啸的概率不到 1%，也不会在每次地震发生后，向太平洋的每个港口都发送预警。但很明显，一个新的、更可靠的太平洋预警系统早就该建立了。

美国海洋学家弗朗西斯·谢泼德曾在 1946 年海啸发生地附近目睹了（拍下了）这场海啸，并且亲口讲述了他的故事。他知道，重振夏威夷预警系统所需的技术成本已经很低，在 1947 年发表在《太平洋科学》上的论文中，他和他的同事们提出了一系列关于建立一个协调的、覆盖全太平洋的海啸预警系统的建议：

> "可以在太平洋沿岸和太平洋中部岛屿上建立一个观测站系统，通过目测或者仪器来观测海啸来袭之前的长波。一旦海啸来袭，就立刻上报给中央观测站，由中央观测站负责整合上报数据，然后向海啸经过沿岸各地发送预警信号。"

谢泼德及其同事的建议被认真采纳了。在接下来的几个月里，人们开始拟定预警系统大纲，并根据贾格尔的"分钟/小时"规则，推算出海啸从太平洋周围的各海啸易发地，到夏威夷的大致过境时间：从阿留申群岛出发要 5 个小时，从堪察加半岛出发要 6 小时，从日本出发要 10 小时，从南美出发要 15 小时。

截至 1948 年底，地震海浪预警系统（后来更名为海啸预警系统）已经建立并运行，收集交换来自阿拉斯加、夏威夷和中途岛等美国所有的太平洋观测台的地震和潮汐信息。该系统的运行机制直观明确：第一阶段是地震预警阶段，如在太平洋任何地方发生 7.0 级或以上的地震（如果震源位于夏威夷群岛则是 6.8 级），监测站就会发出警报，提醒观测台的工作人员。如果地震学家们根据地震位置和震级，推断地震可能会引发海啸，就会发布海啸警戒，所有相关民防部门都处于高度戒备状态。第二阶段是海洋预警阶段，太平洋沿岸的人工和无人检潮仪搜集到的数据，会显示海洋是否面临威胁，如果没有受到威胁，则取消海啸警戒；如果有迹象表明地震已经引发了海啸，就会接着发布海啸预警。

海啸预警（比海啸警戒更高一级）是指，通过紧急广播系统以及安装在沿岸城镇和村庄的室外警报器网，通知岛民即将到来的海啸。警报器会发出立即撤离低洼地区的信号，各医院进入紧急待命状态，各船主把船只移到 100 米等深线以上。

新的海啸预警系统建立 4 年以后，首次接受了实际测试。1952 年 11 月 4 日早上，阿留申群岛以西 1 000 千米的堪察加半岛遭到了一场强海底地震的袭击。凌晨 5 点刚过，夏威夷的地震仪就发出警报，一个小时内就发布了海啸警戒。考虑到夏威夷与震中的距离，海啸可能在下午 1 点 30 分（据预测）左右抵达夏威夷，所以人们只有 6 个小时的时间撤离。与此同时，6 米高的海浪已经开始袭击堪察加海岸，阿拉斯加附近的检潮仪也记录到了剧烈的海水活动。第二波数据一出，就证实地震确实引发了海啸，夏威夷各地立刻发布了海啸预警。下午一点半刚过，第一波海啸按预测的时间抵达了希洛海湾，海啸对已经疏散的海岸线造成了大面积破坏。船只失事，码头上的货物被毁，桥梁被近 4 米高的海浪冲走了。威基基海滩的一些游客被刺耳的警报声弄得晕头转向，他们朝着海水跑去，但是预警系统就像 1933 年一样发挥了作用，没有人员遇难。

5 年后，也就是 1957 年 3 月 9 日，预警系统经历了第二次测试。太平洋对岸的地震学家们被黎明时发出的警报唤醒。凌晨 4 点 22 分，阿留申海沟发生 8.3 级地震，巨浪袭击了附近的岛屿，太平洋地区发布了海啸预警。和 1952 年的情势如出一辙，岛上所有的医院都进入紧急待命状态，警察和军队开始进行低洼地区撤离工作。来袭的海啸对夏威夷群岛造成了一些结构性破坏，但由于希洛市中心的大片区域在 1946 年后就没有重建，留下的一片宽阔、长满绿草的平地，对海啸起了缓冲作用，因此这一次同样未造成人员遇难。

但是夏威夷附近却有一条危险的缝隙，所以，尽管地震信息很容易获得，提醒科学家们注意太平洋附近发生的地震，但至关重要的海洋学信息却不那么容易获得。大部分的海洋学信息是来自太平洋北岸的少数几个富裕国家，比如俄罗斯、日本和美国的检潮仪，而夏威夷以南的太平洋海岸，特别是智利和秘鲁海岸的设备仍然很落后。因此，潮汐报告无法证实美国中部或南部地震引发的海啸，即使科学家们小心翼翼，但还是会失误。每次发生地震，科学家们都会发布海啸预警，但根据检潮仪的数据，最终又取消。以 1958 年墨西哥的一场大地震为例，夏威夷发布了海啸预警，还进行大规模撤离，但是并没有发生海啸，被撤离的人员对地震学家的解释无动于衷。

夏威夷的海啸警报器。太平洋沿岸地区随处可见警报器，听到警报声音。但令人沮丧的是，当它们响起时很可能会被人们忽视

夏威夷希洛市中心的海啸缓冲区，1946 年的海啸过后，在海洋和城市之间留出了一片广阔的草地

我们对虚假警报的反应和对不可预测事件的反应一样糟糕，仅仅几次不必要的恐慌，就会破坏整个预警系统的可信度。比如，2007 年 6 月，印度尼西亚亚齐省隆嘎附近的村民们砸坏了一个意外鸣响的警报器，亚齐省是 12 月 26 日海啸受灾最严重的地区。而在 3 天前，班达亚齐市的一个警报器也意外鸣响，造成了大范围的恐慌和混乱。虽然现在大多数的误报是因为机械故障，而不是错误的预测，但都影响了人们对预警系统的信任。

正是这种信心的丧失，才导致夏威夷海啸悲剧重演。1960 年 5 月 22 日，地震学家们探测到智利海岸发生了一场异常剧烈的大地震，他们立刻发布海啸预警。但是到

1936 年 8 月 9 日，在的黎波里的海滩上，游泳者将海市蜃楼误认为是即将到来的海啸，于是便开始"避难"。久而久之，这种假警报会大大降低预警系统的可信度

了晚上警报器鸣响时，夏威夷沿岸的大多数居民回想起了墨西哥的假海啸预警，决定先不轻举妄动。许多人选择留在家里，而其他人则是聚集到岸边，看看是不是真的有海啸，把尼采的那句格言"你的目光所及不是海啸，海啸在注视着你"抛之脑后。这也不能全怪他们，因为几个月前，政府修改了撤离步骤，让人摸不着头脑。以前，预警警报器会响三次，最后一次意为"立刻撤离"，而新的预警系统只会响一次，立刻开始撤离。但是大家误解了新的撤离步骤，在晚上 8 点 30 分听到第一次（也就是唯一一次）警笛响起后，许多打算离开的人开始做准备，等待最后的信号。

但是没有最后的信号了，凌晨 1 点刚过，10 米高的海浪冲进了希洛湾，造成 61 人遇难，280 多人重伤，大部分 1946 年后重建的街道被冲毁。原发地震 9.5 级，至

预警系统失灵了：1960 年 5 月 22 日午夜前，夏威夷的游客无视预警，聚集在一起，等待来自智利的远距离海啸。在希洛，有 61 人遇难；在日本，有 142 人遇难；在智利，有约 000 人遇难

一排被撤退的海浪冲倒的钢制停车计时器，夏威夷希洛市，1960 年 5 月 23 日

1960 年 5 月的日本海浪，在地震发生一天后，来自智利的远距离海啸造成 142 人遇难

今仍是有记录以来最强烈的地震，并由此引发了大规模的海啸。从希洛市中心被海浪冲倒的钢制停车计时器可以看出，这场海啸规模之大。

希洛湾的预警系统失灵了，同样，日本的预警系统也失灵了。8 个小时后，海啸抵达日本，造成 142 人遇难。据报道，多数人是因在海水退潮后出门捡拾搁浅的鱼，或者只是想冒险一睹海啸的样子而遇难的。

显而易见，预警系统要重振权威性，首先要解决的问题是弥补预警系统的不足。我们需要的不是单次的、模棱两可的预警信号，而是在海啸的预计抵达时间 3 个小时前，发出新的预警信号（夏威夷电话簿中提到的持续 3 分钟的警报声），而且这种信号能规律重复。与此同时，由于最近的海啸预警造成沿岸高速公路出现堵塞，海啸来临时，几百辆汽车还堵在路上，因此要通过广播通知具体的撤离指示，提醒人们步行而不是开车撤到内陆。

此外，1986 年，在联合国政府间海洋学委员会的主持下，所有太平洋国家都加入了预警系统并达成共识，要在南太平洋海岸附近安装更多的检潮仪。后来，太平洋地区建立了两大预警中心：位于阿拉斯加帕尔默的西海岸和阿拉斯加海啸预警中心，覆盖阿拉斯加州、不列颠哥伦比亚省、华盛顿州、俄勒冈州和加利福尼亚州；位于夏威夷的太平洋海啸预警中心，作为太平洋岛屿的

旧址，1946 年海啸后重建，1960 年 5 月 22 日至 23 日被海啸摧毁，现一片荒芜

瓦胡岛上的沿海居民在 1957 年海啸退去后收集搁浅的鱼，即使间隔时间很长，也无法确保海啸不会再次来袭

区域预警中心和远距离、跨洋海啸国际预警中心。两大预警中心从整个太平洋地区搜集监测大量的地震、潮汐、海平面信息，利用卫星和其他技术发布海啸警戒和预警。

　　但是，技术本身并不能提供什么保护。除非每一代人都经历一次海啸，否则我们就会有足够的时间忘记教训。有目共睹，人们常常会忘记灾难、对预警感到疲劳，但这种健忘是致命的，尤其是在海啸最易发地区。1960年海啸带给我们最惨痛的教训是，预警系统真正的缺陷不在于技术层面，而是心理层面。尽管岛上有大量关于海底地震袭击的历史资料，但人们对海啸不够惧怕。事实上，许多夏威夷人被海啸吓呆了，尤其是年轻人，他们不仅没有直接体验过海啸的危险，而且还痴迷于由来已久的冲浪文化——乘风破浪的不死神话。

　　这种新兴危险在20世纪80至90年代变得越来越明显，当时只要宣布海啸警戒或者预警，就会有几十个年轻人抱着冲浪板跑到海里，准备重演霍瓦拉的传奇故事。我不禁好奇：有多少夏威夷冲浪者希望遇上一回"里氏震波"（俚语，指特别可怕的海啸）？他们知道这个说法背后的可怕吗？1986年5月7日的那次大规模沿岸撤离，被当地一家媒体戏称为"无浪星期三"，一队汽车开往威基基海滩，用沃尔特·达德利的话来说，他们是去参加"海啸派对"！而后来的警报引发了一系列奇怪的反应，包括一群内陆游客，他们想知道这个"萨拉米警告"是怎么回事。有人看到一个渔夫在威基基防波堤上投放绳索，无视头顶不断发出提醒的民防直升机。就在海啸即将在檀香山登陆时，一位穿着紫色长袍、一头乌黑飘逸长发的女人穿过了街道，平静地走进海浪中。她凝视着地平线，虔诚地抚摸着海水，然后摸了摸自己的心脏。幸运的是，这次的海啸大约只有膝盖那么高甚至更低，但是当地民防局仍觉得很挫败。道格·卡尔森是当地一名海啸博主，2006 年 11 月 16 日，他在博文里指出，又一轮海啸警报后，冲浪者纷纷涌向威基基沙滩。管理人员不得不承认，他们确实拿这些人没辙了。即使刚刚经历了 2004 年和 2011 年的惨痛悲剧，还是有必要重申，海啸根本不能来冲浪。

每当发生"虚假警报"，人们对海啸预警的不服从情绪就会再一次高涨，而"虚假警报"让专业减灾人员大失所望，就算高度只有 1 厘米，但海啸终究是海啸，而且会在特定条件下演变成海啸怪物。因此，优化海啸预警系统的脚步不能停歇，目的是将不必要的疏散降到最低。

优化工作主要是把第一代近岸检潮仪更换成电子海底传感器，即海底压力记录仪，这种传感器能够监测穿过深海的长周期波浪。第一代近岸检潮仪的问题在于，离海岸线过近，容易干扰海啸预警，而且常常还会遭到海啸的破坏。此外，旧的近岸检潮仪传输信息速度慢，而海底传感器可以利用卫星技术收集实时数据，这些数据主要靠停泊在海底传感器正上方的海面浮标进行传送，将预警时间缩短至几分钟。这些浮标是美国国家海洋和大气治理署的深海评估和海啸报告（DART）系统的一部分，需要每年更换一次，而海底压力记录仪则是每两年更换一次，因此 DART 系统的维护成本比较高。截至今天，只有太平洋海域实现了浮标全覆盖，在已知的俯冲带安装了 41 个浮标链。但是在 2004 年印度洋海啸过后，太平洋海啸预警中心将其职权范围扩大到了印度洋和加勒比海，每个海域都在政府间海洋学委员会的指导下，安装或扩建各自的海啸预警系统。

然而，即使印度洋已经安装了 DART 浮标，还是没能躲过灾难。2006 年 7 月，爪哇岛南部海岸的一场海啸造成近 700 人遇难，有消息称，苏门答腊岛海岸的两处 DART 浮标已被搬走，等待维修。单个浮标的造价约 30 万美元，每个浮标每年的维护费用至少为 12.5 万美元。对印度尼西亚这类国家而言，防范海啸是一项耗资巨大的工作，这些国家在扩建其沿海预警系统方面进程缓慢。迄今，在面积宽阔、拥有 6 000 人口的印尼群岛附近，仅有 22 个探测浮标。IOC 正在继续扩建由联合国资助的预警系统，到 2014 年，该系统估计包括 160 个地震台站，建了更多的 DART 浮标和传感器，并在人口最密集的沿岸地区建立自动预警系统网。尽管如此，考虑到 2007 年印尼亚齐省的警报器故障事件，当务之急仍然是维修工作。后来，每两年会举行一次常规演练。2013 年 5 月，一次全太平洋演练测试了该地区所有已建的海啸监测设备，以及包括太平洋海啸预警中心的实时信息传送在内的一些新程序。这些程序旨在为当

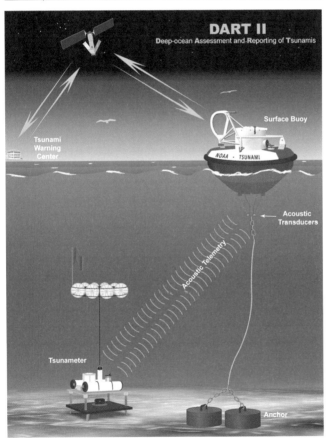

图为海啸探测系统：
由深海海啸评估和报
告（DART）浮标卫
星发射器构成。

1. 海底记录仪，测量
   压力并向浮标发送
   数据；
2. 浮标还可以探测
   海平面的变化和
   活动；
3. 卫星将信息传送到
   地面台站，以评估
   海啸的风险

DART 系统由固定在海底的压力记录仪组成，可将海浪活动的实时信息发送至海面浮标，浮标再通过卫星将信息传送至太平洋海啸预警中心

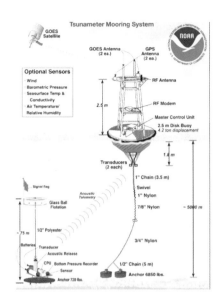

地提供定制的预警，而不是为全太平洋地区提供一般性警报。

但是与往常一样，技术只是一部分。2009 年 9 月，萨摩亚和汤加发生了一场海底地震，引发了大海啸，造成近 200 人遇难。当天上午发布了海啸预警，其中一些预警是通过短信自动发送，也确实进行了疏散工作。但是萨摩亚群岛上的很多遇难者，是遭到了第二波更大的海啸袭击。他们把第二次警报当成是虚假警报，于是返回海滩去捡拾被海浪冲上岸的鱼。这一事件说明，生活在岛上的人们普遍丧失了海啸知识，同时也突出了继续教育的必要性，而且最好是从课堂入手。一个最典型的例子，是发生在 10 岁的英国女学生蒂莉·史密斯身上的故事。2004 年 12 月 25 日，她和家人在泰国普吉岛度假。

26 日早上，当她在酒店沙滩上看到海水退去，她立刻就知道海啸要来了，因为两周前，她在学校的地理课上看了一段希洛海啸的视频。她回忆道："当时，我眼前发生的，和我两周前在视频里看到的情形一模一样。"她大声地强调海啸即将来临，并说服了酒店人员撤离沙滩。这个沙滩成了普吉岛上唯一一处没有人员死亡的地方。类似的故事发生在印度一个偏远的沿海地区，一位码头工人刚看了关于海啸的纪录片，他意识到海水撤退意味着什么，于是向他的同事大喊，让他们跑去内陆，这一举动挽救了几百条生命。

2004 年 12 月 26 日早晨，海啸袭击了泰国普吉岛的一个海滩度假胜地。10 岁的蒂莉·史密斯发出警报后，人们撤离了海滩，这是岛上唯一一个无人死亡的海滩

这些故事再次证明，不管我们拥有多昂贵的技术，永远不要低估那些边逃离大海，边高声呼喊"海啸"的人的救生潜力，但这只能通过教育来实现。无论是在学校里接受教育，还是借助前文提到的民间警世故事，海啸教育是抵御灾难健忘症的第一道防线。

正是出于提高公众意识的需要，才于 1994 年在夏威夷希洛市建立了太平洋海啸博物馆，其主要任务是在整个亚洲 / 太平洋地区提供海啸教育方案。千岛群岛附近发生的 8.1 级地震引发了海啸警报，该博物馆的第一次董事会议被推迟。这及时提醒人们，我们确实需要这样一个机构。1996 年，在纪念 1946 年灾难 50 周年的活动上，人们滔滔不绝地讲述关于海啸的回忆，表明了博物馆还有另

位于希洛的太平洋海啸博物馆屋顶上的海湾摄影机，时刻监测夏威夷东北海岸，等待下一次海啸的来临

一个同样重要的功能，即太平洋海啸记忆库，为几代的海啸幸存者提供一个谈论海啸的场所，并于每年的 4 月份举办海啸故事节。博物馆于 1997 年开馆，在一座坚固的前银行大楼内，该建筑在 1946 年和 1960 年的灾难中幸存下来。屋顶上安装了海啸监控，朝向海岸线的方向，时刻监控海啸来临之前海水的撤退情况。岛民们下定决心不再受海啸袭击。

在这方面，希洛市是一个例外。历史上，大多数遭受过海啸袭击的城镇倾向于抑制关于灾难的记忆，而希洛市中心的大部分地区则变成了一个个纪念点，海滨公园里摆满了海啸纪念物，其中包括 1960 年 5 月 23 日凌晨 1 点 4 分停摆的怀阿克亚镇钟。在附近，有一堵蜿蜒的黑色熔岩墙，是为纪念 1946 年的海啸而建，墙的前面是一大片垃圾填埋场，由陆军工程师于 1960 年建在海啸的最高水位标记线之上。迈克·戴维斯说："当地人以此为傲，州和联邦政府的办公室都搬到了这里，同时还有一个叫'狂暴海洋'的购物中心。"

然而，希洛市的纪念公园还有一个功能，就是阻止人们重新开发海啸频发地段。在日本仙台也有类似的一箭双雕方案，日本政府计划在仙台海岸种植大约 1.6 万棵樱花树，每隔 10 米种一棵树，每棵树代表一位在 2011 年海啸中遇难的人。就像日本古老的海啸石头一样，这些纪念树起着警示作用，委婉地劝阻人们，不要在遭受过海啸袭击的地区附近重建。

夏威夷希洛的海啸纪念碑，一座由黑色熔岩组成的波浪状墙，用来纪念 1946 年海啸中的遇难者

1960 年 5 月 23 日凌晨 1 点 4 分，怀阿基亚镇钟遭到智利海啸袭击而停摆

海啸纪念碑

2012 年 3 月，日本"3·11"海啸发生整整一年后，150 吨重的日本捕虾船"渔运丸"号在不列颠哥伦比亚海岸被发现，船体锈迹斑斑。过去一年里，这艘无人驾驶的船，与其他被海啸冲入大海的 200 多万吨残骸一起穿越了太平洋。到 4 月 1 日，这艘意为"捕捞幸运"的船进入了阿拉斯加海岸附近的美国水域，美国海岸警卫队武装艇以其威胁航运为由，将其击沉。

这艘"幽灵船"只是数千个穿越浩瀚太平洋的海啸遗物的其中之一，其中最壮观的当属 188 吨重的混凝土船坞。这个船坞从日本西北海岸的三泽港出发，漂过了

7 000 多千米的路程，于 2012 年 6 月被冲上了俄勒冈州的一处海滩。船坞在海滩上停留了一个月后，被拆散并移走，其中一块 12 700 千克重的基座被留在附近纽波特市的哈特菲尔德海洋科学中心展出，纪念在海啸中丧生的 1.6 万名遇难者。

　　将海上漂浮物改造成海洋纪念碑的做法由来已久。荷兰轮船"贝鲁"号被来自喀拉喀托火山的海啸冲到内陆 3 千米处。虽然船体已经锈迹斑斑，只剩下了系泊浮标，但是"贝鲁"号仍然是海啸狂暴的永恒象征。剩下的系泊浮标依旧伫立于苏门答腊岛以南的楠榜海湾的一个基座上，是岛上唯一一处纪念喀拉喀托火山遇难者的纪念碑。在该岛北端的班达亚齐市，现保存有一艘 2 600 吨重的发电船"阿蓬 1 号"。2004 年，该船被海啸冲到内

188 吨重的混凝土和钢铁制船坞，在日本东北海岸遭到海啸袭击的三泽港漂流了 7 000 多千米，于 2012 年 6 月被冲到了俄勒冈州玛瑙海滩

1926 年 12 月，马德拉群岛丰沙尔，一艘大船被风暴潮推到离岸很远的地方

一块 12.5 米高的巨石，由 1771 年的八重山大海啸沉积下来，位于日本冲绳县下地岛

陆 2 千米远的地方。这艘船现在成了在 12 月 26 日海啸中遇难的 17 万亚齐人的官方纪念碑，船上有信息牌匾、一个景观花园以及一个观景台。游客可以从观景台俯瞰重建的小镇，也可以眺望远方的大海。

　　在附近，建有设计独特的班达亚齐海啸博物馆。博物馆于 2009 年开放，集纪念馆、信息中心和紧急避难场所等多种功能于一体，内部还设有逃生山丘，以便在海啸再度来袭时，供游客避难。当地建立以海啸为中心的公共纪念碑，似乎是在效仿希洛市，但这些造价高昂的官方纪念馆并不如非官方的纪念场所受欢迎，尤其是被命名为"挪亚方舟"的搁浅渔船。这艘 30 米长的船只，在 2004 年救了 59 个人，人们登上船，驶向了安全地带，

印度洋海啸后，在班达亚齐的兰普洛村，妇女们在一艘搁浅的木制渔船下祈祷。这艘渔船在当地被称为"挪亚方舟"，已经成为一个非官方的海啸纪念物

但最后船卡在了班达亚齐省普洛港的一处房屋屋顶上。房主们认为是这艘奇迹般从天而降的船救了他们，这艘船至今仍被看成作天赐之物，当地志愿者会对它进行精心的粉刷和保养。还有一艘体格庞大、属于国有的"阿蓬1号"，两艘船的命运截然不同。"阿蓬1号"被海啸冲上内陆，部分船体被压碎，至今也未找到。

人们对灾难纪念馆的这种矛盾心理是可以理解的。2011年3月，一艘330吨重的拖网渔船"京德丸18号"被海浪拖到内陆一千多米的地方，然后在宫城县气仙沼市的废墟中沉没。人们很快就在这艘船附近祭奠，船只成了一处非官方纪念碑，纪念在海啸中丧生的837名遇难者。"京德丸18号"在2012年和2013年的周年纪念

在苏门答腊班达亚齐省的亚齐海啸博物馆里，一个孩子在看即将到来的海浪的模型。博物馆是为了纪念12月26日海啸的遇难者而建，同时也是一个教育中心，及未来发生海啸时的一个紧急避难所

这艘 330 吨的拖网渔船"京德丸 18 号"搁浅在日本宫城县气仙沼市一千多米的内陆

仪式上照亮，其作用类似于本书开头提及的古老海啸石头，激励所有的见证者，让他们铭记大海啸的灾难。

　　然而，在"京德丸 18 号"展出两年半后，气仙沼市的幸存者们觉得受够了，他们觉得这艘船不再是一个安慰性的纪念，而是一个痛苦的提醒。2013 年 8 月 8 日，经过全市协商，人们投票赞成移走并销毁这艘船。在铭记救生与忘记自我保护之间总是存在一种矛盾，而"京德丸 18 号"成了牺牲品。

　　这种矛盾表现为很多种方式，正是这一对又一对矛盾，构成了本书的各个章节。